JN203548

世界で一番美しいペンギンの世界

世界で一番美しいペンギンの世界

アレックス・ベルナスコーニ

［まえがき］
ジュリアン・ダウズウェル教授

［序章］
ピーター・クラークソン博士

X-Knowledge

Title of English-Language original: BLUE ICE, ISBN 978 1 906506 58 2, published by Papadakis Publisher

Japanese translation rights arranged with Papadakis Publisher
through Japan UNI Agency, Inc., Tokyo
Printed and bound in China.

翻訳協力　株式会社トランネット
日本語版ブックデザイン　甲谷一（Happy and Happy）

2–3ページ
サウスオークニー諸島の近くに浮かぶ青い氷山とアデリーペンギン。はじめは薄暗くて冴えない氷山にしか見えなかったが、
突然雲の切れ間からスポットライトのように光が差し込み、すばらしい色彩が広がった。

4ページ
南極半島北端に位置する卓状火山（氷の下で噴火する火山）、ブラウン・ブラフ沖の氷山のトンネル。

CONTENTS

Blue Ice（ブルー・アイス）……その名の通り、青い氷のこと。長い年月をかけて圧縮された氷は、中の空気が徐々に抜けて透明度が非常に高くなり、青い光だけを反射する。
これにより青い結晶のように見える氷をブルー・アイスと呼ぶ。

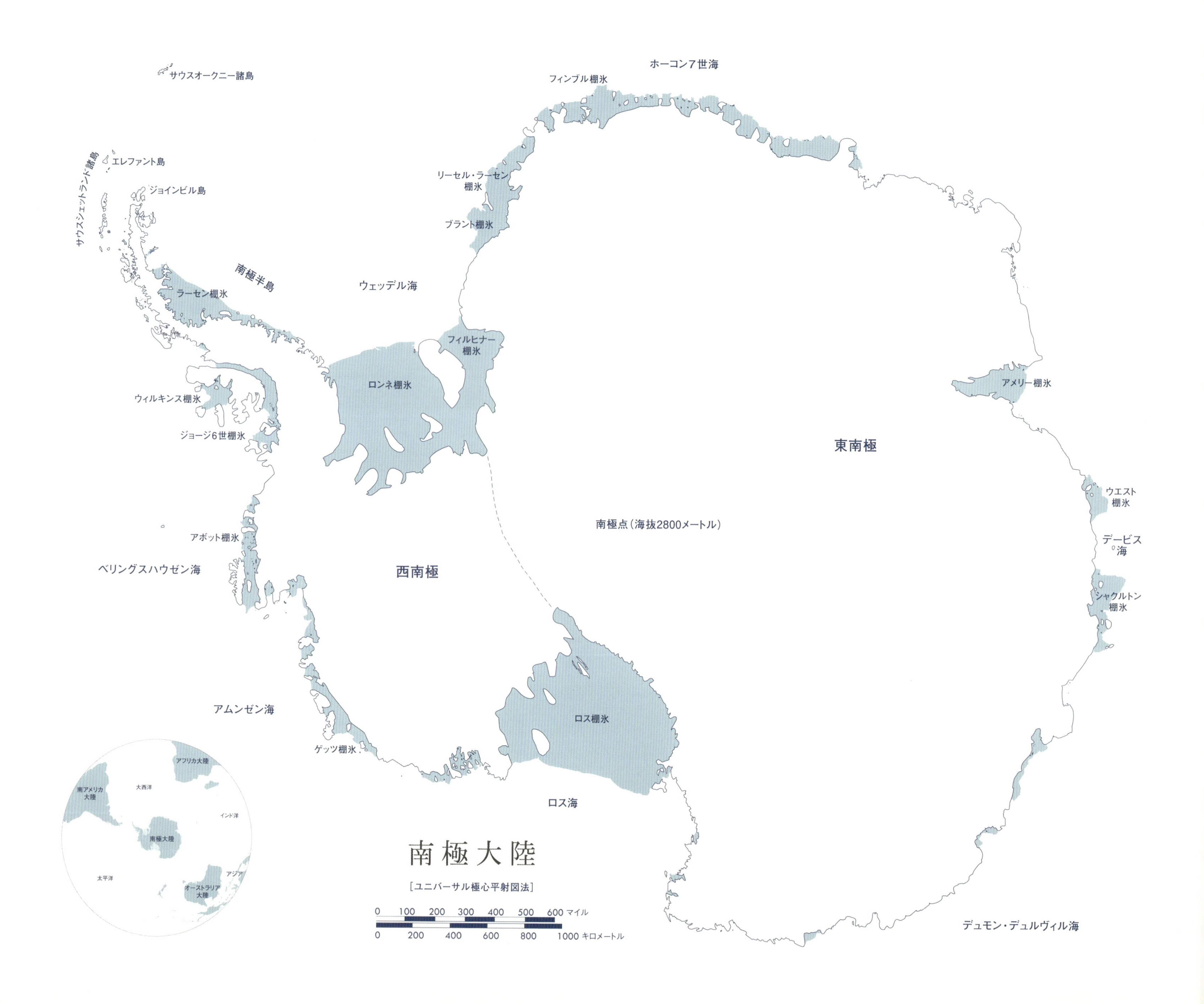

南極大陸

［ユニバーサル極心平射図法］

ホーン岬へ
エレファント島
アレックス・ベルナスコーニが旅したルート
サウスシェットランド諸島
ブランスフィールド海峡
ハーフムーン島
アトランティック海峡
ホープ湾
ジョインビル島
デセプション島
ポーレット島
エレバス&テラー湾
ブラウン・ブラフ
デビル島
ジェイムス・ロス島
クロッカー海峡
ジェルラッシュ海峡
ハイドルーガ・ロックス
クーバービル島
ルメア海峡
パラダイス・ハーバー
ラーセン棚氷
ベリングスハウゼン海
ウィルキンス棚氷
ウェッデル海
ジョージ6世棚氷
南極半島
[ユニバーサル極心平射図法]
100 50 0 キロメートル 100 200
00 50 0 マイル 50 100 150

まえがき

ケンブリッジ大学　スコット極地研究所
所長
ジュリアン・ダウズウェル教授

ケンブリッジ大学スコット極地研究所の所長である私は、これまでに幾度となく、研究者として南極大陸を訪れる機会に恵まれてきた。南極の氷床（大陸を覆う厚い氷の層）や、大陸周辺の海氷（海水が凍結してできた氷塊）と氷山（海上に押し出されて氷床から分離した氷塊）の関連を調べる調査はもちろん、エヴァンス岬のスコット隊長の小屋でのひと時は、歴史を肌で感じる貴重な体験だった。南極にはさまざまな顔がある。アレックス・ベルナスコーニの写真は、そんな多様で壮大な景観と野生生物たちの姿を写し取った貴重な記録である。

南極大陸の面積は約1400万キロ平方メートル。これは、ほぼヨーロッパ全体の面積に相当する。およそ4000万年前、大陸プレートの移動によって現在の南極半島が南米大陸から切り離され、南極大陸を取り囲む南極海が誕生した。この氷で覆われた大陸の海岸線と南アメリカ大陸・アフリカ大陸・オーストラリア大陸の南端との間では、海流と気流が西から東に流れている。この流れが、南極大陸と北側の暖かい地域との間に壁を作っているのだ。

南極大陸は3つの地域から成る。いずれも大部分が氷床で覆われており、その名の通り南極横断山脈によって分けられた「東南極」と「西南極」、そしてそれらより小さく（イギリスの面積とほぼ同じ大きさ）南極海に向かって北に突き出した「南極半島」だ。氷床の厚さは平均で約3200メートル、最大では4800メートルに達する。この分厚いフタの重みで、氷床下の地殻は本来の厚さのおよそ3分の1に圧縮されている。西南極の氷床の大部分が海面の約800メートル下の岩盤の上に乗っているのに対し、東南極の主要な氷床は陸地の上に乗っているものが多い。よって東南極では氷をすべて取り去ったとしても陸地が海面より低くなることはない。

ナバホ・インディアンの頭の羽根飾りを彷彿とさせる、エレバス＆テラー湾の氷山。

南極大陸周辺の海域では、水温がしばしば氷点下となる。海水に含まれる塩分のため温度はさらに下がる。マイナス1.8度ほどで海面が凍り始め、薄い海氷ができる。「海氷」は、「氷山」とは別ものだ。なぜなら海氷が海水でできているのに対し、氷山は南極大陸に降った雪からできた氷河が海に流れ出たものなので、真水でできているからだ。また氷山は厚さ数百メートルに達することもあるが、南極の海氷に関しては通常2メートルを超えることはない。海氷は、南極の冬の時期に約2070万平方キロメートルの範囲にまで広がり、夏の終わりには約194万平方キロメートルにまで減退する。

南極海の海氷と海水は、地球上でも屈指の美しさを誇る野鳥類をはじめ、クジラやアザラシ、そして南極の象徴・ペンギンたちにとって母のようなものだ。たとえば、これらの鳥類と哺乳類は、南極海の海藻類やエビに似たオキアミを主な栄養源としている。エンペラーペンギン（コウテイペンギン）のように、南極大陸を主な繁殖地としている生き物もいる。このように、多くの生物が海氷に依存しているのだ。それゆえ、将来の地球環境の変化は南極の生態系にとって非常にデリケートな問題であるといえる。

南極大陸は、現在の地球上で最も寒さが厳しく、最も強い風の吹きすさぶ地域だ。東南極中央部にあるロシアのヴォストーク基地の気温は平均マイナス50度で、時にはマイナス90度近くまで下がることもある。東南極のコモンウェルス湾の海岸に吹き付ける風の平均風速は、秒速22メートルにも及ぶ。探検家ダグラス・モーソンは、この地を「吹雪のすみか」と名付けた。また南極大陸は地上で最も乾燥している場所のひとつで、東南極の内陸部では年間降雪量がわずか2、3センチ程度の時もある。50年ほど前に定期気象観測が開始されて以来、地球上の気温ははっきりと見てとれるほど変動しており、南極でもその影響が確認されている。特に南極半島周辺域では観測開始から現在までで気温が3度近く上昇しており、南半球で最も急速に温暖化が進んでいる場所となっている。この周辺では氷河が9割も減退しており、さらに海岸線の棚氷（大陸から海上に張り出した幅の広い棚状の氷）の10箇所以上で崩壊が

みられる。これにより約2万6千平方キロメートルもの氷が消失した。その中でも、2002年のラーセンB棚氷の大規模な崩壊は有名である。

こうした環境変化を、南極大陸とその周辺の海域だけの問題だと思っていてはいけない。なぜなら、南極大陸上の氷の体積が変化すると、地球全体の海面の高さも変化するからだ。氷河や氷床が解けて減少すれば海面は上昇し、逆に氷の体積が増加すれば海面は下がる。およそ2万年前の地球では、南極大陸とグリーンランドだけでなく中緯度の北米大陸とユーラシア大陸にも氷床があり、それは地球上の現在よりもはるかに広い面積を占めていた。そのため、海面は現在よりも120メートルも低い位置にあった。ところが、高精度の衛星レーダー高度測定器によって現在の海面は毎年ほぼ3ミリずつ上昇しているということが判明した。氷の増加分と減少分を差し引きすれば、現在の南極大陸全体の氷の量は大きく変化していないことがわかる。よって、海面上昇の主な原因は山岳部の氷河やグリーンランド氷床が薄くなったこと、および海水の熱膨張（温度の上昇により物質の体積が増加する現象）に関係すると考えられている。南極の氷床が今後も「陸地の氷」として真水を蓄える世界最大の貯蔵庫であり続けるためには、南極大陸の変化を注意深く観測し続けていかねばならない。もしも全ての氷が解けてしまったなら、急激にではないにせよ、地球の海面は60メートル以上も上昇してしまうだろう。

さらに副次的な影響を含めて考えるなら、海氷が海洋に及ぼす影響も見過ごすことはできない。海氷は、冬期には南極大陸周辺海のほぼ2070万平方キロメートルを覆い尽くす。海氷は海水が凍って海面を覆うものだが、海氷自体の塩分は、凍る前の海水に比べて少なくなっている。凍結の際に塩分が排出されるからだ。このため、南極の海氷直下の海水は高塩分、低水温となり、実際に地球上で最も海水の密度が高い海域のひとつとも言われる。こうした密度が高く重い海水の大部分は、数千メートルも下方へ沈み込み、海底に達すると北に向きを変えて深海を移動していく。この流れが、赤道から極地へ熱を運ぶ役割を担う「世界の海流」を体系づける重要な原動力となっているのだ。このように、海氷の厚さや面積の変化は世界の海洋の流れのパターンに影響を及ぼす可能性がある。南極の海氷の変異は、南極大陸沿岸だけにとどまる問題ではないのだ。南極大陸の周囲に広がる海氷の面積は、年ごとに差があるだけでなく場所によっても差が生じる。現在、南極半島の海氷は徐々に減少していっているが、ロス海においては反対に近年著しく増加している。

実は、南極大陸は19世紀初頭に発見されたばかりだ。初めて南極大陸の内陸部に足を踏み入れたのは、1901年から1904年にかけてディスカバリー号で第一次南極探検隊を率いたR・F・スコットだった。1911年12月、ロアール・アムンゼンが史上初の南極点到達を成し遂げ、そのわずか1か月後の1912年1月には、スコット隊長と4人の隊員もその地点への到達を果たした。以来、南極大陸では、その比類ない特性や20世紀後半以降激しい環境変化にさらされている「氷の甲羅」の謎を解き明かそうと、科学者たちが研究を続けている。私自身もその一端を担い、凍てつく大陸の壮大さを体験し、極地研究の枠を超えて人類全体に関わる研究に取り組むことができた。私は自らの南極大陸での体験を科学者の一人としてとても誇りに思う。アレックス・ベルナスコーニの胸に迫る写真は、まさに唯一無二の存在である南極大陸のかけがえのなさを教えてくれる。

ジュリアン・ダウズウェル教授

南極海峡沖に浮かぶ卓状氷山（上部の平坦な氷山）。1912年のタイタニック号沈没を受けて、
船舶に北大西洋の氷山に関する警告を与える国際海氷パトロールが組織された。
アメリカ国立海氷データセンターは、南極大陸周辺海域にある500平方メートル以上の氷山を監視している。
こうした氷山の研究をもとに、科学者たちは天候と海洋の相互関係の解明に取り組んでいる。

序章

ケンブリッジ大学　スコット極地研究所
名誉研究所員
ピーター・クラークソン博士

南極大陸は、極限の地だ。地球上で最も平均標高が高く、最も気温が低く、最も強い風が吹く。「南極」とは、北上した冷たい南極表層水が暖かい表層水の下に沈み込む境目「南極収束線」あるいは「南極前線」よりも南側と定義された、南極点周辺のエリアを指す。「南極」には、南極大陸に加え多数の島々が含まれる。そうした島のほとんどは南米大陸南端に向かって北に突き出した南極半島の周辺に群在しているが、ほかの島から遠く離れて南極海にぽつんと浮かんでいるものもある。大西洋、インド洋、太平洋の最南部に囲まれた南極海では、「南極環流」が南極大陸の周りを西から東に流れている。南米大陸と南極半島北端とのすき間でぐっと狭められた海流の勢いはすさまじく、このあたりは世界で最も激しく荒れた海域と言われている。この南極環流を境に、気候に大きな差が生じる。南極の気温は北極に比べて、はるかに低い。

また南極大陸は、地球上で最も孤立した地である。南極大陸北端に位置する南極半島から南米大陸南端のホーン岬までは約998キロだ。そして周辺の島から南極大陸までの最短距離は、ニュージーランドから南極大陸のオーツランドまでは約2655キロ、さらに南アフリカから南極大陸のドローニング・モード・ランドまでは約3895キロもある。平均標高は2300メートル。地球上の地表における世界最低気温である摂氏マイナス89.2度の記録は、南極高原の海抜3488メートル地点にあるソビエト（現ロシア）のヴォストーク基地で観測されたものだ。タスマニア島の南、ジョージ5世ランドのコモンウェルス湾では、秒速89.4メートルの強風が記録された。大陸の98.6パーセント以上が氷で覆われ、その厚さは平均2459メートル、最大4776メートルにも達する。これは地球上の氷の約90パーセント、地球上の真水の約80パーセントに相当する数字だ。ところが南極大陸は「砂漠」と定義されている。なぜなら、年間降雪量自体は非常に少ないからだ。

南極大陸は、最後に発見された大陸だ。しかし、およそ紀元前140年には既にメソポタミア南東部のカルデア人（紀元前10世紀頃、現イラクの一部に定住した民族）の哲学者セレウコスが、「南方の大陸」の存在を主張していた。西暦150年頃、古代ローマの学者クラウディオス・プトレマイオスが仮説に基づいて作成した地図には、アフリカ大陸とアジア大陸につながった巨大な「南方の大陸」が描かれていた。それからかなりの年月を経て、フェルディナンド・マゼランが史上初の世界周航（1519～1521年）を果たす。これにより「南方の大陸」が存在するとすればそれはほかの大陸から大きく離れた場所にある、と考えられるようになった。マゼランはポルトガルを出港後、大西洋を横断し、太平洋に出るために現在のマゼラン海峡を通過したが、そのとき南方に見えた陸地を「南方の大陸」の北端だと考えたのだ。マゼランに次いで世界周航を成し遂げたフランシス・ドレークも、同じくマゼラン海峡を通過し、強風に煽られて南に流された結果、南方に広がる現在のドレーク海峡を発見した。1640年代にはオランダの数次にわたる探検隊がタスマニア、ニュージーランド、オーストラリアを発見したが、それらが独立した島であることを証明するには至らなかった。しかし、これによって「南方の大陸」が存在する可能性のある範囲は、大幅に絞り込まれたのだった。

1592年8月14日、イギリス船デザイアー号のジョン・デイビスは、マゼラン海峡の近くの海域を航行中に針路を逸れ、フォークランド諸島を発見した（16、27、37ページ参照）。しかし1522年にペドロ・ネイデルによって作成されたポルトガルの海図には既にその場所に島が描かれていることから、それ以前に認識されていたとも考えられる。1600年1月、西フォークランド島沖でジェイソン諸島が発見されると、その後160年かけて、徐々にフォークランド諸島の全ての島が海図に記載されていった。1764年、サン・マロを出港したフラ

ルメール海峡は、ベルギカ号のベルギー人乗組員、アドリアン・ド・ジェルラッシュによって
1898年に発見された。探険家チャールズ・ルメールに因んでルメール海峡と名付けられたが、
ルメール自身はコンゴを探検したにすぎず、南極を訪れたことはない。
この船の一等航海士を務めていたのが、かの偉大な極地探検家ロアール・アムンゼンである。
陸地に守られた美しく静かな水面は、荒々しい南極海にありながら湖のように静かだ。
観光客はここからピーターマン島に上陸することができる。

ンスの遠征隊が東フォークランドのポート・ルイスに入植を始めた。しかし1765年、イギリス人もここにやって来て、ポート・ルイスにいるフランス人の存在に気づかずに西フォークランドのポート・エグモントで入植の準備を始めてしまう。一年後、ジェイソン号とカルカス号で再来したイギリス人は、フランス人に対し6ヶ月以内に退去するようにと迫った。それ以来、島々をめぐる主権争いはずっと続いている。

1675年4月、アントワーヌ・デ・ラ・ロッシュの率いるイギリス商船がリマからロンドンに向かう途中で針路を外れ、現在のサウスジョージア島と思われる南極海で最初の島を発見した。これに続いて1739年1月1日、上級指揮官ジャン＝バティスト・シャルル・ブーヴェ・ド・ロジエが率いるフランス船が、シルコンシジオン岬を発見した。彼はこれこそが「南方の大陸」から突き出した岬だと考えたが、その予想は外れる。この時発見された陸地は、現在はブーベ島と呼ばれている。この島は地球上で最も孤絶した島であり、再び目撃されるのはそれから69年も後のことになる。

1768年、当時世界で最も成功していた探検家ジェームス・クックが、エンデバー号で南極海への最初の航海（1768～1771年）に乗り出した。クックはドレーク海峡の南緯60度線の向こう側まで船を進め、オーストラリアは「南方の大陸」の一部ではないと結論づけた。その後レゾリューション号とアドベンチャー号を率いて再び南極海に戻り（1772～1775年）、高緯度を通るルートで世界周航を成し遂げた。この航海では1773年1月17日に史上初めて南極圏を航行し、翌1774年1月30日には再び南極圏に入り、マリーバードランド沖の南緯70度10分の地点に到達している。さらに彼は同じ航海でサウスジョージア島（30、33、34ページ参照）の北東の海岸線を測量し、その後サウスサンドウィッチ諸島の島々を発見し地図に描き込んだ。これに続くクックの3度目の航海（1776～1780年）の目的は、北西航路（多くのヨーロッパ人探検家が発見に挑んできた、ヨーロッパとアジアを結ぶ最短航路）を見つけることだった。この航海中に彼はインド洋南部を通過した際にケルゲレン諸島が「南方の大陸」の一部ではないことを証明し、ベーリング海峡を抜けて北極圏を航行する際にハワイ諸島も発見していた。しかしリゾリューション号とディスカバリー号を率いて再びハワイを訪れた際に現地人と争い、1779年2月14日、50歳で命を落としてしまう。地図にない南方の海域を延べ約2万9000キロも航行したにも関わらず、伝説の「南方の大陸」を目にすることはできなかった。これまでの発見だけでは満足がいかなかったらしく、1775年2月6日の日記には次のように書かれている。「（中略）この先私ほど遥か遠方まで進む者はなく、南方にあるかもしれぬその島は誰にも発見されることはない、などと言うのは厚かましいというものだ。（中略）大自然の支配下に宿命づけられたその土地は、一度たりとも陽の光の暖かさを感じることなく、溶けることのない雪と氷の下に埋もれ、永遠にじっとそこに横たわっているのだ」

クックの2度目の航海の報告書にはサウスジョージア島に関する詳細な記述があり、島の海岸線に無数のオットセイが生息していたことも書かれていた。この島の環境に関するクックの報告は非常に悲観的な内容だったが、現在では、天気が良い日のサウスジョージア島の景色は南極観光の最大のハイライトとなっている。連なる山々が描く壮大なパノラマや豊かな野生生物、もちろんセントアンドリュース湾（34、56−60、62−63ページ参照）のキングペンギン（オウサマペンギン）の姿も、一生の思い出としてその目に焼きつくことだろう。

1786年、厳しい環境についてのクックの悲観的な報告をよそに、最初に島に上陸したのはオットセイの捕獲を目的にロンドンからやってきたトーマス・テラーノだった。クック以後、島に船が訪れることは稀だったが、1790年代になるとニューイングランド港からやってきたアメリカ人の猟師が続々と現れ、オットセイの数は激減してしまった。さらにこの時代には、油脂を取るためにゾウアザラシも頻繁に捕獲されていた。1819年、ウィリアムズ号でロンドンからチリのバルパライソに向かったウィリアム・スミスは、ホーン岬を過ぎた辺りで航路を外れ、サウスシェットランド諸島を発見した。彼はウルグアイのモンテビデオに向かう帰りの航海の途中で島に接近しようと試みたが、氷に阻まれて失敗に終わる。しかし1819年に彼は再びこの島に挑み、10月16日、ついにキングジョージ島上陸を果たすと、イギリス王ジョージ3世の名で島の領有権を手に入れたのだった。島の発見とそこに多数のオットセイがいたという話はたちまち知れわたり、島には大勢のオットセイ猟師が押し寄せた。彼らの容赦のない大量虐殺のすえ、この島の獲物は2年と経たないうちに狩りつくされてしまったのだった。

視界の良い日にサウスシェットランド諸島から眺めると、ブランスフィールド海峡（18ページ参照）の対岸に南極半島の姿を見ることができる。1820年1月30日、スミスはイギリス海軍のエドワード・ブランスフィールド中尉とともにサウスシェットランド諸島を再訪した。この時、南極半島の最初の目撃者として、中尉の名前が刻まれた。また彼は自分が発見した島を「トリニティ・ランド」と名付けた。この頃、新たな猟場を求める多くのアザラシ・オッ

サンダース島（フォークランド諸島）の海岸に上陸するジェンツーペンギン。
ジェンツーペンギンは、餌を求めて時には1日に450回も水に潜る。

トセイ猟師たちが遥か大陸本土まで足を延ばしていたことは疑う余地がないが、商業目的ゆえに自分の発見を外に漏らすことはなかった。時を同じくして、アレクサンドル皇帝の命を受けたロシアの探検隊が南極探検に挑んでいた。ヴォストーク号の指揮官ファビアン・ゴッドリーブ・ベンジャミン・フォン・ベリングスハウゼンは、1820年1月27日、ドローニング・モード・ランドのプリンセス・マルタ海岸の氷丘を発見した。これにより彼は、南極大陸の最初の目撃者となったのだった。ブランスフィールドによるトリニティ・ランド発見よりも3日早かったが、ベリングスハウゼン自身にはそれが大陸だという認識はなかった。彼はその後も探検を続け、1821年1月20日にはピーター（ピョートル）1世島を、同年1月27日にはアレクサンダー（アレクサンドル）島を発見した。同じ頃、ロンドンからやって来たジョージ・パウエル率いるイギリスのダヴ号と、ストニングトンからやって来たナサニエル・ブラウン・パーマー率いるアメリカのジェームス・モンロー号が1823年12月6日に合同でサウスオークニー諸島（2-3、48-49、84ページ参照）の発見を公表した。1823年、ジェーン号のジェームス・ウェッデルは、後に彼の名が冠される現在のウェッデル海に向かって航行を続け、1823年2月20日に南緯74度15分に到達し、最南端到達の記録を塗り変えた。彼は、その海域には何もなく、鯨がたくさん泳いでいたと報告している。

1820年代には、アザラシ猟の船により多くの新しい島が発見され、新たな情報が次々と地図に追加されていった。アザラシ猟の船の中には植物や動物、岩石の収集を行ったものもあったが、初めてこの地を自然科学調査の目的で探検したのはイギリス王立海軍のヘンリー・フォスター率いるシャンティクリア号だ。彼らは新しい土地の測量作業だけでなく、調査結果を博物誌としてまとめたり、特製の振り子でデセプション島の磁気を観測したりと様々な試みをした。デセプション島は馬の蹄鉄の形をした小康状態の火山島で、海水が中央のカルデラ（凹地（くぼち））の周囲に流れ込んでいるため、船でこの流れに乗ってネプチューン・ベロウの狭い隙間を抜け、クレーターが作り出した天然の入江に入ることができた。1967年と1970年には火山が噴火し、チリの南極観測基地をはじめ多くの捕鯨基地が被害を受けた。

その後の数十年間は、南極海へ向かう船の大半がオットセイやアザラシ、クジラの捕獲を目的にしたものだったが、中には純粋に南極の探検を目指す船もあった。フランスのデュモン・デュルヴィルは、海軍の探検隊を率いて南極大陸周航に挑んだ。1840年1月22日にポイント・ジオロジーの近くに上陸し、フランスの領有権を主張した。この地には、彼の妻の名前に因んでテール・アデリー（英語名はアデリーランド）という名が付いている。彼はまた、この20年前にギリシャのミロス島でミロのビーナス像を見つけ出した男でもあった。この他、探検家のジョン・バレニーは、探検にも積極的だったロンドンの捕鯨会社エンダービー・ブラザーズから会社の所有する2隻の船を借り受けて南極へ向かった。彼は1839年2月1日にロス海の南緯69度地点に到達し、2月9日にバレニー諸島を発見すると、その3日後には南極圏内初上陸を果たした。チャールズ・ウィルクスの指揮するアメリカ合衆国探検隊は、6隻の船隊を連ねて東経160度から東経98度の陸地を測量して、「陸地の姿」を地図として描き起こした。ジェームス・クラーク・ロス率いるイギリス海軍のエレバス号とテラー号は流氷を砕きながら現ロス島まで進み、最南端到達記録南緯78度10分を更新した。ロスが新たに地図に描き加えたざっと900キロのヴィクトリアランドの海岸線は「ブリタニア・バリア（英国の障壁）」と呼ばれ、現在のロス棚氷のエリアに相当する。南磁極（磁石が指す南の地点）の位置が南緯75度50分東経154度08分であることを計算で割り出したのも彼だ。この航海（1839～1843年）で彼らは南極大陸周航後に南極半島の先端にあるジョンヴィル島とロス島を発見し、1843年1月6日に見つけていたコックバーン島と合わせてこれらを英国領とした。また、船に同乗した科学者や自然学者の活躍も目覚ましい。ロスの航海に同行したジョセフ・ダルトン・フッカー（チャールズ・ダーウィンの親友で、後に王立植物園キューガーデンの園長を務めた）などの人物の尽力により、南極大陸の自然環境に関する多くの情報が蓄積されていった。

未開の場所が地図に加えられていくにつれ、南極大陸の海岸線の輪郭は徐々に明らかになっていった。「南方の大陸」にまつわる人々の希望はうちくだかれ、「植民地化にふさわしい島」という神話は消え去った。実際、クックは、サウスジョージア・サウスサンドウィッチ諸島について次のように書いている。

「（南極大陸は）大自然によって永遠の氷河期を運命付けられた土地である。暖かな陽の光など望むべくもなく、その恐ろしさと獰（どう）猛さは言葉では言い尽くせない」

1873年から1874年にかけて、エドゥアルド・ダルマン率いるドイツ初の探検隊が南極大陸に向かった。この時に使われた捕鯨船グロンラント号は、南極の海域に入った最初の蒸気船だった。ダルマンは、南極半島の西岸域とその周辺の島を大まかに測量しながら南緯65度まで南下した。その1年後には、世界周航（1872～1876年）の途中だったイギリス船チャレンジャー号が蒸気船として初めて南極圏に入り、プリンセス・エリザベス島沖の南緯66度

南極半島の北部とサウスシェットランド諸島を隔てるブランスフィールド海峡に浮かぶ、雲をかぶった氷山。この海峡の名は、1820年にサウスシェットランド諸島沖から南極大陸を眺め、世界最初の南極大陸の目撃者の一人となったイギリスの海軍将校ブランスフィールドに因んで名付けられた。

40分東経78度22分の地点にまで達する。初めて全世界に公開された氷山と南極周辺の島々の写真は、この航海中に撮影されたものだ。

1882年から1883年にかけて初めての国際年（特定の事項、特に重点的問題解決に向けて全世界の団体・個人の取り組みを呼びかけるため、国際連合総会が設定する期間）として第1回国際極年が設定された。これをきっかけに南極地域での自然科学観測の価値とその重要性が高く認識されるようになった。11か国が参加し、各国の研究機関によって14の測候所が北極に置かれ、南極唯一の測候所は、ドイツによってサウスジョージア島の北東の海岸、ロイヤル湾のモルトケ港に設置された。国際極年での研究対象は、地理物理学、気象学、氷河学、生物学だった。

まだまだオットセイやアザラシの猟の盛んな1892年から1893年にかけての夏季、新しいビジネスの幕が開かれようとしていた。スコットランドのダンディー港からやって来た4隻の捕鯨船隊が南極半島北部の海で調査を行っており、船隊は、1892年12月、ジョインビル島沖で同じく鯨を探索していたジェイソン号のカール・アントン・ラーセンと遭遇している。どちらの船も鯨を捕まえることができずにいたが、ラーセンはその後シーモア島で南極初の化石を発見し、さらに南極大陸を初めて写真に収めた。これをきっかけに、その先数十年間にわたって行われる残虐な捕鯨作戦の舞台が着々と整えられていく。

1895年1月25日、アザラシと鯨の捕獲船アンタークティック号のヘンリク・ブルが、ヴィクトリアランドの北にあるアデア岬に上陸した。この船に乗っていたカルステン・ボルクグレヴィンクは既に近くの島に上陸して地衣類（藻類と共生する、苔のような見た目の菌類）のサンプルを収集し、これが南極圏で記録された最初の植生となった。ボルクグレヴィンクは探検隊を率いて再び南極に戻ろうと心に決めた。次の探検隊を率いてこの地を訪れたのは、ベルギカ号に乗ったベルギー人のアドリアン・ド・ジェルラッシュだった。彼はその後約25年間にわたる「南極探検の英雄時代」の幕を開けた人物として名を馳せることになる。

ド・ジェルラッシュは1897年にベルギーを出港し、次々に新たな発見をしていた。サウスシェットランド諸島を訪れた後、ジェルラッシュ海峡（74–75、160–161、180–181ページ参照）とダンコ・コーストを発見してこの地を測量し、パーマー群島に名前を付け、さらにパラダイス・ハーバー（76–77、176–177ページ参照）とルメール海峡を発見し、アレクサンダー島を目撃している。その後、ピーター1世島の沖で船が流氷に閉じ込められてしまい、意図せず南極圏で越冬した最初の船となったが、その時の一等航海士こそ後に南北の極点を制覇して名声を得るロアール・アムンゼンだった。ちなみにこの時同乗していた船医は、後に北極点到達を巡ってロバート・ピアリーと争いを繰り広げるアメリカ人、フレデリック・クックである。この探検では2人の隊員が亡くなったが、1年後、ついに船は氷から解放され、多くの科学調査データを携えてベルギーに帰還した。

続いてボルクグレヴィンクが、サザンクロス号で再び南極に戻ってきた。ニュージーランドに船を帰し、10人の隊員が極地の冬をアデア岬の2つの小屋で過ごした。部隊はロス棚氷に上陸し犬ぞりで進み、1900年2月23日、南緯78度50分の地点に到達して最南端到達記録を更新し、オーストラリアに帰還した。このときには動物学、地質学、気象学、地磁気学といった自然科学の調査も行われた。この1年後、ロバート・ファルコン・スコットがディスカバリー号でイギリス国営南極遠征を率いてやって来た。この遠征隊はロス島のハット・ポイントで越冬し、幅広い分野の自然科学調査を行った。1902年2月4日には繋留水素気球で南極大陸初飛行を達成し、南極初の空中撮影も行っている。スコットはアーネスト・シャクルトン、エドワード・ウィルソンとともに人力でそりをひいてロス棚氷を超え、1902年12月30日、南緯82度17分の地点に到達し最南端到達記録を更新した。また同じ遠征隊のロバート・アーミテージが率いた部隊は南極高原まで進み、ヴィクトリアランドのドライバレーを発見している。同時期に、ガウス号のエーリッヒ・フォン・ドルガルスキー率いるドイツ南極遠征隊が東経90度周辺の地域を調査していた。この船は意図的に流氷に閉ざされた状態で越冬し、膨大な量の科学調査を行った。

その頃、オットー・ノルデンショルド率いるアンタークティック号のスウェーデン南極遠征隊は、南極半島北部の探索を行っていた。6人の隊員が1902年と1903年の冬をスノーヒル島の小屋で過ごし、そこを拠点にさまざまな分野の科学調査を行った。彼らは犬ぞりを使って半島の東海岸沿いに南下し、南緯66度03分地点に至った。この部隊は南極海峡（12、46–47、70–71ページ参照）とプリンス・グスタフ海峡を発見し、半島の西岸の一部も地図に記した。ところが1902年の終わり、船が調査中に氷に阻まれスノーヒル島に戻れなくなるという事件が起こる。ホープ湾に上陸していた3人はその冬を石積みの小屋で過ごした。しかしその後アンタークティック号はエレバス&テラー湾で流氷に押しつぶされ沈没してしまう。なんとか脱出した船長のラーセンと乗組員は、ポーレット島（38–39、119、150ページ参照）の石積みの小屋で越冬することとなった。二手に分かれた乗組員たちは船を失い、離ればなれでホープ湾とポーレット島でそれぞれ冬を過ごしたのだった。1903年の冬の終わり、ホープ湾の3人はスノーヒル島に向かって歩き始め、ヴェガ島のウェルメット岬でついにノルデンショルドと再会を果たした。その時のことをノルデンショルドは次のように記している。「彼らは頭のてっぺんからつま先まで、まるで煤にまみれたように真っ黒だった。（中略）この生き物はいったい何だろうかと考えてみても、私の想像の範囲をゆうに超えていた」

アンタークティック号に何があったのかを知る人はもちろんいなかったが、スウェーデンでは遠征隊が消息を絶ったことを受けて救援艇が出された。一方1903年11月7日、ポーレット島にいたラーセンとその部下たちは、エレバス＆テラー湾を横切りスノーヒル島に向けて漕ぎ出していた。同じ日、アルゼンチンの救援艇ウルグアイ号を指揮していたイリサール中尉がシーモア島に残されたメッセージを見つけた。船はすぐさまスノーヒル島に向かい、ノルデンショルドは救助された。彼は喜んだが、アンタークティック号とラーセンに関する情報が全くないことに大きく落胆していた。その晩眠りにつく前のこと、犬たちがやけに騒ぐのでノルデンショルドは不審に思って外を眺めた。彼の目に映ったのは、なんとたったいま無事な姿で到着したラーセンと部下たちだった。

スコティア号でスコットランド国営南極遠征（1902〜1904年）を率いたのは、ウィリアム・スペアズ・ブルースだ。隊員たちはサウスオークニー諸島のローリー島に観測基地を作って1903年の冬を越し、幅広い分野の科学調査を行った。また島の各所で測量を行い、ウェッデル海の東側に位置する海岸ケアード・コーストを発見している。遠征隊が去った後もアルゼンチンに託された観測基地にはその後も途切れることなく調査員が常駐し、南極で最も長く「恒久的な占有」が続いている。ジャン＝バティスト・シャルコーはフランセ号でフランス南極遠征（1903〜1905年）を率い、科学調査に加えパーマー群島の西岸とアデレード島を南に望むルベ海岸の測量を行い、ブース島で越冬した。シャルコーはプルクワ・パ号（シャルコーの座右の銘、フランス語で『なぜ駄目なのか？』という意味）で再び南極を訪れ（1908〜1910年）、南極半島西岸の測量を続け、マルゲリート湾、ファリエール海岸、シャルコー島を発見している。

その頃大陸の反対側では、シャクルトンがニムロド号のイギリス南極遠征（1903〜1905年）を率いてロス島に戻ってきていた。この遠征では1903年3月10日に3人がエレバス山（標高3794メートル）の登頂に成功し、1993年には別の3人が南磁極に近接した地点（南緯72度25分東経155度16分）に到達するなどの成果をあげた。その他諸々の科学観測も行われたが、シャクルトンの最大の目的は南極点到達に挑むことそのものにあった。ジェイムソン・アダムス、フランク・ワイルドの2人を引き連れ、ポニーを使ってロス棚氷を渡って南へと進み、前方にそびえるベアードモア氷河を発見すると、彼らはさらに南極横断山脈を超え、南極点への玄関口である南極高原まで進んだ。そこから先は人力でそりをひいて進み、南極点まで残り177キロという地点に達し、これにより彼らは最南端到達記録を更新した。シャクルトンは日記にこう書いている。「前進を続けるのは今日で終わりだ。我々は全力を尽くした。その結果が、南緯88度23分東経162度なのだ」

3人はこの場所で、シャクルトンがアレクサンドラ妃から贈られた旗を広げて記念撮影をすると、北に向かって引き返した。シャクルトンは、南極点到達よりも人命を第一に考えたのだ。後に妻のエミリーにこう語っている。「君は（夫にするなら）死んだライオンより生きたロバの方がいいだろう、そう考えたんだよ」

1910年、未だ南極点は踏破されておらず、世界最南端の地を目指してさらに3つの探検隊がロス海に向かっていた。テラ・ノヴァ号で南極に再来したイギリスのスコット隊長はロス島のエヴァンス岬にベース基地を作り、ノルウェー船フラム号のロアール・アムンゼンはロス棚氷にあるクジラ湾にベース基地を作った。海南丸の日本人白瀬矗も同じくクジラ湾に上陸し、「突進隊」の5人が南東に約250キロ進むが、南極点到達は現実的ではなかった。スコット探検隊の本来の任務は、10年前にディスカバリー号で開始した調査を引き継ぎ、拡充させることだった。一方のアムンゼンはもともと北極点の初到達に情熱を燃やしていたが、ベルギガ号で一緒だったフレデリック・クックが北極点初到達に成功したことを知ると、2番手では栄誉に値しないと考えて密かにルートを変え、南極に向かっていたのだった。両探検隊は春の南極点遠征に備えて、秋のうちからデポ（補給基地）の設営に取り掛かった。その冬、スコット探検隊のエドワード・ウィルソンがバーディー・バウアーとアプスレイ・チェリー・ガラードの2人を伴って、エンペラーペンギンの卵を採取するためにクロジール岬へと向かった。運良く生還できたとはいえ、それはとても過酷な旅だった。その時の様子は、チェリー・ガラードの著書『世界最悪の旅』（加納一郎訳、朝日文庫、1993年）の中で語られている。スコット探検隊のうち「ノーザン（北）部隊」と名付けられた一団は、ボルクグレヴィンクが岬に残した古い小屋で冬を越した。春を迎えると、アムンゼン隊はこの先に何が待ち受けているのか全くわからないままに、ロス棚氷を渡り南に進み始めた。アクセルハイバーグ氷河を発見すると、そこから南極横断山脈を超えて南極高原に達した。やがて1911年12月14日、アムンゼン隊はついに南極点到達を果たした。一方のスコットはシャクルトンが通ったルートを辿ることができたので、南極点の手前の最後の177キロを除けば、行く手にあるものは把握していた。スコットは、ビアードモア氷河に到着すると最後に残った5頭のポニーを銃で処分し、そこから先は人力でそりをひいて進んでいた。南極高原の端の氷河の頂上で最後の支援部隊を帰らせ、スコット、ウィルソン、バウアー、オーツ、エヴァンスの

5人で進み、1912年1月17日に南極点にたどり着いたが、そこでアムンゼン隊が残したテントを発見する。彼らは「南極点到達レース」に負けたことを悟る。スコットは日記にこう書いている。「なんということだ。こんなに恐ろしい場所を我々は苦労して進んできたのに、1番乗りの栄誉がないとは惨すぎる。さあ、急いで戻るとしよう。死闘の時だ。果たして帰れるだろうか」

犬ぞりのノルウェー人たちがクジラ湾に戻った頃、スコット隊はロス島へと帰る長い道のりを歩み始めた。ビアードモア氷河の麓まで来たところで、下士官のエヴァンスが倒れて命を落とす。残った者たちは、凍傷で足の自由がきかなくなり、皆から遅れをとり始めたオーツに手を焼いていた。1912年3月12日か13日のこと、オーツは吹雪の中に出ていった。「ちょっと行ってくる。しばらくかかるかもしれない」しかしそう言ったきり、彼が戻ることはなかった。残った3人で進み続けて4日目、吹雪で足止めを食らった。わずか17キロ先にあるデポまで懸命に進もうとするも、隊員たちは皆、まさに極限状態だった。悪天候の上に体は衰弱し、凍傷を負い、さらにおそらく壊血病も患っていたため、テントで待機するしかなかった。1912年3月29日、スコットは最後の日記にこうつづっている。「最後まで耐え抜くつもりだが、言うまでもなく我々は衰弱しており、終わりの時は遠くないかもしれない」

サポートを任されていたスコット探検隊のノーザン部隊はアデア岬で越冬し、テラ・ノヴァ号と合流した。その後はさらに南方に位置するテラ・ノヴァ湾のエヴァンス入江で、再び実地調査を続けていた。1912年1月のことだ。ところが、調査を終えて合流場所に戻っても、船の姿が見えない。船は、沖合48キロで流氷に挟まれていたのだ。船と合流することができなかったノーザン部隊は、1912年の南極の冬を雪のほら穴で過ごすことを余儀なくされた。並々ならない困難と物資の不足に苦しみながらも冬を越し、1912年11月7日、ついにハット・ポイントに到着する。しかし束の間の安堵の喜びも、南極点に向かったスコット隊が消息不明だという知らせに打ち消されてしまった。スコットが最期の時を過ごしたテントは、1912年11月12日に発見された。日記や手紙、所持品が回収された後にテントは解体され、その場所には大きな雪の塚が作られた。

一方、先に南極点到達を果たしたアムンゼン隊は、スキーを使って移動したり、重い荷物を犬に任せたりすることができたので、楽々と南極点までの距離を往復したのだろうと考えられがちだ。しかし、彼らの道中もそんなに単純ではなかった。次から次へと乗り越えなくてはならない壁が立ちはだかった。その中でも最大の困難は、南極高原に到達するルートを見つけ出すまでの道のりだった。運命を分けたのは、犬を使うという決断である。エスキモー犬は寒さに強く、アザラシの肉を食べて生き延びてくれるが、馬は寒さに弱く、草食なので食料も牧草を用意しなければならなかった。これを機に、南極にポニーを連れて行こうと考える者はいなくなり、人力でそりをひくこともほとんどなくなった。

いわゆる「南極点到達レース」がロス海周辺で繰り広げられていた頃、ドイツ南極探検隊(1911〜1912年)はウェッデル海の奥まで突き進み、オーストラレーシア(オーストラリアをはじめとする南太平洋地域の国の総称)の南極探検隊(1911〜1914年)はキングジョージ5世島とクイーンメリーランドを探索していた。ドイッチェラント号のヴィルヘルム・フィルヒナーはサウスジョージア・サウスサンドウィッチ諸島に立ち寄った後にウェッデル海に向かって船を進め、その途中で棚氷を発見した。これは後に彼の名を取ってフィルヒナー棚氷と名付けられる。彼はウェッデル海から南極点を通ってロス海に抜ける大陸横断をしようと計画していたが、ヴァーセル湾の棚氷の上に設営した小屋が直後に分離した大きな氷河もろとも流されてしまった。船は流氷に挟まれたまま海上を漂い続け、ようやく氷から解放されドイツへの帰還を果たしたのは9ヶ月後のことだった。

これに続いてオーストラレーシアの南極探検隊を指揮したのは、1907年にシャクルトン率いるニムロド号での探検に参加していたダグラス・モーソンだった。オーロラ号で出発した部隊はシャクルトン棚氷上のデニソン岬に小屋を作り、モーソン、そしてフランク・ワイルドという2人のリーダーのもとで越冬した。この探検隊はシャクルトン棚氷を出発し、ガウス号の探検で発見されたガウスベルグまで犬ぞりで進んだ。1912年12月時点で南緯70度37分東経148度10分にあった南磁極を目指してモーソンが行った最大の犬ぞり遠征は、デニソン岬から東へ向かうものだった。しかし、氷河を横切ってベース基地から約500キロ進んだところで、隊員の一人ベルグレーヴ・ニンニスが犬もろとも底なしのクレバス(割れ目)の下に消えてしまった。食料や装備品、それにテントまで、ほとんど全てのものが一緒に消えた。残された2人はその場しのぎのテントを作り、必要最小限の荷物だけを携えて進んだ。2日後には犬を殺して自分たちと残った犬たちの食料にして、なんとか生き延びた。ところが11日後、犬の肉を食べたせいかメルツが衰弱し始める。しばらくはメルツを乗せたそり

デビル島近くの氷原。ジェイムス・ロス群島のひとつ、氷に覆われていないデビル島は、
アデリーペンギンの貴重な一大繁殖地。

をモーソンがひいて進んだ。しかし1913年1月7日、おそらく犬の肝臓を食べたことによるビタミンA中毒により、メルツが死んでしまった。この時、衰弱し、疲弊し、たった一人で残されたモーソンは、ベース基地にした小屋から約160キロも離れた場所にいた。それでも時にはクレバスをよじ登り、なんとか前に進み続け、小屋から約9キロ離れた雪の斜面の上に作られたデポに辿り着いた。悪天候によってその場所に足止めされた後、晴れた視界の先に見えたのは、あろうことか救援船が今まさに去っていく姿だった。モーソンは、彼を捜索するために上陸していた6人とともに、再び南極の冬を過ごすことを余儀なくされたのだった。

隊員の命を失う悲劇こそあったが、モーソンの探検隊は非常に多くの成果を残している。大量の科学データの収集に加え、広大なエリアの情報が新たに地図に加わった。この探検では、初めてマクアリー島を中継局にした長波無線通信が行われた。また、モーソンは南極に初めて飛行機を持ち込んだ。エンジンが頼りなく空を飛ぶことはなかったが、南極高原の端まで荷物を運ぶトラクターとして利用された。悲劇の現場は、命を落とした2人の名を取ってニンニス氷河、メルツ氷河と名付けられた。

シャクルトンは南極での新しい挑戦を模索していた。南極点は既に踏破されてしまったので、フィルヒナーが失敗したルートで南極横断を成功させようと計画を練った。結成された帝国南極横断探検隊（1914～1917年、イギリスが20世紀に派遣した4番目の南極探検隊）は、シャクルトン率いるフィルヒナー棚氷から出発する部隊と、ゴール地点のロス海から出発してデポを設営し、シャクルトンを支援する部隊に分かれた。探検隊がエンデュアランス号での出発を目前に控えた1914年8月4日、イギリスがドイツに宣戦布告した。シャクルトンは全探検隊が戦闘部隊として戦うことをイギリス海軍本部に申し出るが、後に海軍大臣となるウィンストン・チャーチルから送られた電報の指示は「続行せよ」だった。1914年8月8日にプリマスを出港した探検隊は、ブエノスアイレスとサウスジョージア島を経由してウェッデル海に進んだ。ところが、棚氷に到達する前に船は流氷に挟まれて身動きが取れなくなってしまい、シャクルトンはやむなく船を越冬基地にすると宣言したのだった。

一方、大陸の反対側では、イニーアス・マッキントッシュ率いるオーロラ号のロス海部隊がマクマード海峡に到着し、直ちに南下してデポの設営に取りかかっていた。10人がエヴァンス岬で越冬したが、運悪く停泊させていたオーロラ号が流されてしまった。この船はその後2年間も行方不明となる。1915年から1916年にかけての夏季、部隊はデポの設営を続けてビアードモア氷河のふもとに到達した。彼らは多大なる犠牲を払いながら、シャクルトンの支援部隊としての任務をついに完了した。途中すさまじい天候に見舞われ、数名が壊血病に苦しみ、アーノルド・スペンサー・スミスが命を落としていた。その後ハット・ポイントに戻った部隊は、エヴァンス岬に渡るため、水面が凍るのを待っていた。1916年5月、マッキントッシュとヴィクター・ヘイワードがハット・ポイントを出発するが、海氷上で消息が途絶える。ハット・ポイントに残った3人は7月まで待った後、無事にエヴァンス岬に渡り、先に行ったはずのマッキントッシュとヘイワードが到着できなかったことを知ったのだった。

ウェッデル海のエンデュアランス号は、氷に固く挟まれたまま北に流されていた。次第に氷の圧力が増し、船を押しつぶしていく。1915年10月27日に隊員たちは船から脱出し、そのほぼ1か月後に船は沈没してしまった。探検隊は流氷の上で「オーシャン・キャンプ」を設営して過ごし、安定した硬い氷の上に移動してからは「ペイシェンス（忍耐の）・キャンプ」で氷が解けるのを待った。そしてついに1916年4月9日、3艇の救命艇でエレファント島に向かって漕ぎ出した。島に着くと、一番大きい救命艇ジェームス・ケアード号でサウスジョージア島に救助を求めに行く準備に取りかかった。フランク・ワイルドをリーダーにした22人は、2艇の救命艇の下で待つことになった。彼らは実際に、船を屋根にして石積みの小屋を造ったという。1916年4月24日、シャクルトンは、エンデュアランス号の船長フランク・ワーズリー、下士官トム・クリーンとともに荒れ狂う南極海を横切り、1280キロ先のサウスジョージア島を目指して進んだ。1916年5月10日、救命隊の3人はサウスジョージア島の南西岸、捕鯨基地の反対岸のホーコン王湾に上陸する。彼らはそこで2、3日体を休めた後、雪原とサウスジョージア島の中央に走る山脈を越えようと歩き出した。36時間歩き続け、やっとのことで彼らはストームネスにあるノルウェーの捕鯨基地にたどり着いた。捕鯨船員がすぐにホーコン王湾に船を出し、残っていた3人を救出した。次にシャクルトンは捕鯨船サザンスカイ号に乗ってエレファント島に向かった。ところが、3度の救助を試みるも船は一面の流氷に阻まれて島に近づくことができなかった。シャクルトンはチリ政府から蒸気船イェルチョ号を借り、やっと隊員たちの待つワイルド岬に戻った。こうして、22名は無事に救助されたのだった。

探検が終わって帰還すると、イギリスは戦争の真っ只中だった。軍隊がさかんに人員を募っていたが、シャクルトンにはロス海部隊の救出という仕事が残っていた。シャクルトンはニュージーランドに渡り、再びオーロラ号に乗り込んだ。1917年1月10日にエヴァンス岬に到着し、部隊の7人の生存者を救出して、ニュージーランドへと戻った。探検は壮大な失敗に終わったが、探検隊の忍耐と困難、そして英雄的行動は、数ある南極探検物語の中でもひときわ輝いている。

戦争が終わると、シャクルトンの耳には南極が再び自分を呼んでいる声が聞こえるようになった。彼はノルウェーの捕鯨船として使われていたクエスト号を買い取った。とても航海に適しているとは言えない代物だったが、1921年9月、シャクルトンは測量や気象、地形の調査を任務とする探検隊を率いて出港した。多くの困難に見舞われ、着岸直前の数日間は激しい吹雪が吹き荒れたが、1922年1月3日、クエスト号はついにサウスジョージアのグリトビケンに到着する。その晩の夕食後、シャクルトンは隊員たちに明日はクリスマスの祝杯をあげよう、と告げた。しかし、その直後の深夜2時に彼は激しい心臓発作に襲われ、医師が駆け付けるも、数分後に息を引き取った。遺体は、グリトビケンの捕鯨船員が眠る小さな墓地に埋葬された。

後にも先にも越える者のないカリスマ南極探検家シャクルトンの死によって、いわゆる「南極探検の英雄時代」が幕を閉じた。このわずか25年の間に、人間は初めて南極大陸本土で越冬し、南極点に到達し、多くの海岸線を測量し、内陸部を探索して地図を作り、南極大陸に関する膨大な知識を積み上げた。しかし知識だけでは満たされない者たちが、さらに大規模な探検隊を組み、南極大陸の生物資源を求める商業遠征と並んで、南極を目指していく。

1920年代と1930年代に南極海で活動した船といえば、多くがノルウェー企業を中心とした捕鯨船だった。鯨の解体処理工場の多くはサウスジョージアやデセプション島に作られたが、1923年12月、ノルウェー人のカール・アントン・ラーセンは、初の解体処理施設付きの捕鯨船を用いてロス海での遠洋捕鯨漁を開始した。イギリス政府は、クジラの生態に関する研究を行うため、捕鯨漁の税金を資金とし「ディスカバリー調査隊」の活動を開始した。第1回の航海（1925～1927年）にはスコットが最初の探検に使ったディスカバリー号が使用され、2回目以降の航海には調査船のウィリアム・スコースビー号とディスカバリー2号が使用された。海洋生物学研究所がグリトビケンに創設されたのもこの頃である。多くの捕鯨航海で地形調査探検が行われ、新たな南極大陸の海岸線が描き加えられていった。そのほか、さまざまな活動のサポートに捕鯨船が使われることもあった。1920年から1921年にかけて、トーマス・バグショーとマクシム・レスターがウォーターポイントで越冬し、気象学や潮の干満、動物学の調査を行った。

ヒューバート・ウィルキンスが率いたウィルキンス・ハースト南極探検隊（1928～1929年）は、デセプション島に基地を作り、航空機で南極大陸初飛行を行った。彼らは南極半島の西岸沿いを南下して南緯71度20分まで飛行し、これにより南極半島は実際には海峡で隔てられた群島ではないかという仮説が立てられた。航空機を使った南極探検の時代が幕を開け、リチャード・バードが率いた合衆国南極探検遠征以降、航空機の利用は一気に盛んになった。合衆国南極探検遠征では、クジラ湾のロス棚氷に作られた越冬基地「リトル・アメリカ」を拠点としクイーンモード山脈の地形調査と地図作成が行われたほか、空からマリーバードランドの姿をとらえた写真が数多く撮影された。この遠征では、南極大陸で初めて大々的に航空機が使用され、雪上車の使用や無線通信も行われた。1929年から1930年にかけて、ウィルキンスは前年の探検で実施した航空機による予備調査をさらに拡充させようと、第2次探検隊を率いて再び南極に戻った。同時期、ダグラス・モーソンは第1次イギリス・オーストラリア・ニュージーランド南極調査遠征の指揮をとり、東経45度から75度の範囲を空と陸の両方から測量した。翌年この探検隊はプリンセス・エリザベス島を発見し、その後も繰り返し南極大陸に上陸した。また彼らはジョージ5世の名で5か所の土地の領有権を主張した。

この頃国際科学会議が、1932年から1933年までを第2回国際極年とすることを宣言した。南極大陸本土に観測基地を構えた国はなかったが、南極海上の船やサウスジョージア島とサウスオークニー島からも気象データが提供された。

バードは、アメリカ南極探検隊（1933～1935年）を率いて再び南極に戻り、クジラ湾の基地を拡張した「リトル・アメリカ2」で越冬した。このときマリーバードランドの西部地域と南極横断山脈の南部まで探検が進み、さらに地質と地形の調査が続けられた。その後リトル・アメリカ2から約170キロ離れたロス棚氷に、前進測候基地「ボリング・ベース」が作られた。バードはここで1934年5月28日から10月14日までの期間、たった一人での越冬を試みる。だが一酸化炭素中毒で瀕死の状態に陥り、間一髪のところを救助された。

ジョン・ライミル率いる英国グレアムランド探検隊（1934～1937年）は、蒸気帆船ペノーラ号で南極に向かった。船に積み込まれた飛行機「デ・ハビランド・フォックス・モス」は水上用フロートと雪上用スキーの両方を装備しており、氷の偵察や、地上で作業する隊員への物資の供給に使われた。最初の冬はアルゼンチン諸島に設営したプレハブ作りの小屋で越した。この時はそり遠征の機会はなく、冬が終わると探検隊はデセプション島に戻って木材を集めた。そしてここからさらに南下したマルゲリート湾に浮かぶデベンハム諸島に小屋を

作り、2度目の冬を越した。この探検では広大なエリアを犬ぞりで移動し、南極半島とアレクサンダー島の間にあるジョージ5世海峡沿いに南緯72度まで南下して測量や地質調査を行った。このほか鳥類学、生物学、気象学の調査も行ったが、最大の成果は南極半島がウィルキンスの主張するような「海峡に分断された群島」ではなく、れっきとした半島であると証明したことだった。

1935年から1936年にかけての夏季、リンカーン・エルズワースは3度目の私設遠征隊を率いていた。彼はこれまで2度の遠征で南極半島からロス棚氷までの南極大陸横断飛行に挑戦するも、失敗に終わっていた。1935年11月23日、今回は操縦士にハーバート・ホリック・ケニヨンを起用した航空機ポーラースターで、ダンディー島から飛び立った。給油のために4度の着陸をしながら、マリーバードランド上空で飛行を続けたが、1935年12月5日、目的地のクジラ湾までわずか19キロの場所でとうとう燃料が底を尽きた。乗っていた2人は残りの19キロを徒歩で進んでリトル・アメリカ基地にたどり着いた。2人を救出したのは針路を変更して捜索に向かったディスカバリー2号で、続いてその4日後に遠征隊の船ワイアット・アープ号も到着した。1938年から1939年にかけての夏季、再び遠征を行ったエルズワースは、プリンセス・エリザベス・ランドに到着した。その後、彼は内陸部の南緯72度東経79度の地点まで飛行し、その一帯をアメリカンハイランドと名付けて合衆国の領有権を主張した。

同じ時期、アルフレート・ヒッチャー率いるシュヴァーベンラント号でやってきたドイツの南極探検隊がドローニング・モード・ランド沖で3週間を過ごしていた。船上から蒸気カタパルト（蒸気を使って航空機を射出させる装置）で上空に飛び立った航空機は、およそ1万2000キロを飛行し、西経10度から東経20度の間の約35万平方キロメートルの地域を写真に収めた。彼らはその地域を「ノイシュヴァーベンラント」と改名し、1939年1月19日から2月15日の間に数回にわたってドイツの領有権を主張した。2回目の探検では1回目の探検で撮影した写真をもとに陸上調査を行う予定だったが、第二次世界大戦が勃発したため中止となった。

西フォークランド諸島、ニュー島のアホウドリの横顔。
南極周辺で見られるのはマユグロアホウドリ、ワタリアホウドリ。
アホウドリの翼長は鳥類最大（最大3.4m）。
羽を羽ばたかせることなく長時間休まずに飛び続けることができ、
絶海の島で繁殖を行っているとき以外は、ほとんど陸地で目撃されることはない。

世界は戦火に包まれていたが、バードを指揮官とする合衆国南極奉仕遠征隊（1939～1941年）は南極に向かい、「西基地」（リトル・アメリカ3）と、マルゲリート湾のストーニントン島に設置した「東基地」に分かれて越冬した。「西基地」の地上部隊は前回の遠征時に行った調査をさらに重ねる任務に当たり、「東基地」の部隊は英国グレアムランド探検隊が調査した場所を中心に、より範囲を広げて調査を行った。合衆国は領有権の主張だけを目的に活動していたため、遠征に関する公式の発表はほとんどされなかった。1944年、イギリスは、南極半島の最北部に「タバリン作戦」と名付けた基地を設営する。南に向かうドイツ船を偵察することも目的のひとつだったが、半島地域の領有権争いのライバルであるアルゼンチンとチリによる領有権の主張を阻止するためでもあった。その後「タバリン作戦」は民間の「フォークランド諸島属領調査所（FIDS）」の手に委ねられ、彼らは南極半島沿いに南下しながら多くのイギリスの基地を作っていった。こうして南極大陸の恒久的占有が始まり、アルゼンチンとチリもそれに続いた。

1946年から1947年の夏季、バードは過去最大の遠征隊を引き連れて南極に戻ってきた。13隻の船を使った軍事訓練により海軍の4700人に極地の体験をさせるためだったが、最大の目的は、さらに多くの空中撮影を行うことで領有権の主張を強化することにあった。翌年の夏、規模を縮小してこれを引き継いだ探検隊の「ウィンドミル作戦」では、空撮写真をもとに地上基準点の測量が行われた。同じ頃、フィン・ロンネが民間の越冬隊であるロンネ南極調査遠征隊を率いて、ストーニントン島の「東基地」だった場所を拠点に多くの調査活動を行った。この時の調査は、同島の「E基地」にあったFIDSのイギリス人と合同で行われた。

この頃、アルゼンチン、チリ、イギリスに加え、南極大陸に関心を抱いたそのほかの国々も探検隊を送り始め、南極半島などに基地を構える国も現れた。ノルウェー人のジョン・ジェーバーが率いた史上初の国際探検隊であるノルウェー・イギリス・スウェーデン南極探検隊（1949～1952年）は、ドローニング・モード・ランドのモードハイム（南緯71度03分・西経10度56分）で越冬した。移動には犬とトラクターを使い、広範囲にわたる地球物理学と氷河学の実地調査に取り組んだ。また、空中撮影や、飛行に必要な地上基準点の測量も行った。

1950年代前半、国際科学共同体は次なる国際極年の開催を考え始めていた。特に物理科学者たちは、主に第二次世界大戦時に軍事目的で開発された実用可能な新しい技術を科学研究のために利用すべきだと強く主張していた。その構想と計画が形となり、国際極年は南極を重点的に視野に入れた「国際地球観測年（IGY）」として生まれ変わった。IGYは、1957年7

月1日から翌年を含む1958年12月31までの18か月間と定められた。注目すべきは、地球上の全地域で条件の同等性を確保するために、物理科学の観測が全て標準時間で行われたということだ。南極地域の観測に参加したのは、アルゼンチン、オーストラリア、ベルギー、チリ、フランス、日本、ニュージーランド、ノルウェー、南アフリカ、ソビエト社会主義共和国連邦(現ロシア)、イギリス、アメリカ合衆国の12か国だった。このために新しく作られた測候所と多数の既存の測候所で観測が行われ、過去最大範囲の南極の科学データが集められた。気象学、地磁気学、地震学、氷河学、オーロラ研究、潮位測定、オゾン測定、そのほかの地球物理学的パラメーター(ある結果を生じさせる、数値化できる原因要素)のデータが記録された。またIGYが公式に規定した研究分野には含まれなかった生物学や地質学、そして地図作成技術に関しても調査が続けられていた。

国際学術連合会議(ICSU、現在は同じ頭文字で『国際科学会議』)はIGYの実施母体組織で、1958年2月に南極観測に参加している各国の科学学会が集結する会議を主催した。会議ではIGYの推進力は失われるべきではないという意見が全体で一致し、継続的な調査の連携を図るための南極研究特別委員会(SCAR、後に南極研究科学委員会)が組織された。これによりIGYが終了しても、参加各国による南極の科学調査は継続して続けられることになった。

IGYの開催期間中、ヴィヴィアン・フックスを指揮官として地上からの南極初横断を目指すイギリス連邦南極横断探検隊が結成された。1955年、先発隊が捕鯨船として使われていたテロン号でイギリスを出港した。彼らはフィルヒナー棚氷でシャクルトン基地の設営に取り掛かったが、多くの物資が海氷の割れ目に消えるなどのアクシデントに見舞われ、冬が来る前に小屋を完成することができなかった。結局、最初の冬は隊員8人でトラクターを梱包していた木箱の中で過ごした。夏になり、犬ぞり隊は、これまで知られていなかった3つの山脈を探索した。探検隊の本隊がマガ・ダン号で到着すると、シャクルトン基地から約440キロ南に前進基地「サウスアイス」が飛行機を使って建設された。一行は道のりをトラクターで移動した。一方、ロス島で活動していたエドモンド・ヒラリー(1953年にエベレスト初登頂に成功した人物)率いるニュージーランドの支援隊が「スコット基地」を設置し、南極高原に向かうトラクターのルートを探しながら、大陸の反対側から進んで来るフックス隊のためにデポの設営を行っていた。1957年の冬が終わり、サウスアイスを出発したフックス隊の12人はスノーキャットとウィーゼルの2台のトラクターで南極点を目指した。ゴール地点からスタートしたヒラリー隊は改造した農業用トラクターでデポを設営しながら進み、フックス隊よりも先に南極点に到着した。1958年3月2日、フックス隊はシャクルトン基地を出発してから99日目、3500キロの道のりを越えスコット基地に到着した。探検隊の単発エンジン飛行機オターは、サウスアイス基地から南極点を通過しスコット基地までノンストップで飛行した。およそ40年前にシャクルトンが描いた夢が、ついに現実のものとなったのだ。

探検隊が発見した山脈のひとつは、シャクルトン山脈と名付けられた。私は1968年から1969年にかけて、その山脈に向かう遠征隊に地質学者として参加することができた。犬ぞりの爽快感はすばらしかったが、時にはイライラさせられることもあった。あるとき、私は絡まったライン(犬ぞりとそりを繋ぐロープ)を直すためにそりを止めた。素手で作業する間、脱いだ手袋は首に担いだ犬のハーネス(胴輪)の先にぶら下がっていた。終わって手袋をはめようとすると、なんと片方の内側にびっしょりやられていた。私は思った——やれやれ、お礼のつもりかい？

1940年代から1950年代前半にかけては、南極の領有権の主張が問題となった。特に深刻だったのがアルゼンチン、イギリス、チリの主張が重なる南極半島だ。権威を振りかざす血の気の多い海軍士官によって、発砲沙汰が起きたこともあった。しかし、問題の大部分は政治外交上のものだ。うまく協力し合っている科学者たちを後押しするためにも、国家間での解決が必要なのだ。

多くの事前協議を経て、1959年12月1日、ワシントンDCで6週間に及ぶ協議が行われた。南極条約はIGYに参加した12カ国によって締結され、1961年6月23日に施行された。この条約の対象は、南緯60度以南の陸地と棚氷である。この条約は、南極の平和を守り、科学者の研究を促進することに大きく貢献することとなった。注目すべきは「条約の有効期間において領土の主張は一切行ってはならず、条約はこれらの主張を支持あるいは否認するものではない」という条項だ。これにより、本質的に南極は万国の土地であるとされたのだ。条約では、科学者の活動を支援する場合を除く一切の軍事活動の禁止、核実験や核廃棄物の投棄の禁止と併せて、科学研究とその成果データの交流を促進する内容も盛り込まれている。現在は年に一度協議国が集まり、南極条約協議国会議が開かれている。

南極条約は進化を続け、現在では「南極条約システム」と呼ばれている。1964年には、特に慎重に扱うべきエリアを『自然及び科学に貢献する自然保護区』として保護する内容の条項が『南極動植物相保存のための合意措置』に追加された。保護すべき史跡記念物のリストも作られ、史跡であるスコットやシャクルトンの小屋などが保護されることとなった。商業アザラシ猟が再開した場合を想定しアザラシを保護する適切な法案を確保すべく、1972年には『南極のあざらし保存に関する条約』が採択された。このとき、5種類のアザラシとナンキョクオットセイが保護対象となった。また、南極海での魚類、イカ、オキアミのうちいくつかの種が絶滅の危機にあることを受け「海洋生物学者の助言をもとに委員会が毎年現実的な漁獲割り当て量を定める」と規定した『南極の海洋生物資源の保存に関する条約』も採択された。

南極で調査活動を行いSCARに加わる国は年々増加し、2016年2月現在の加盟国は正会員が31か国、準会員が8か国となった。同様に南極条約に署名する政府も増加し、現在では南極条約協議国が29か国、協議権のない締約国が24か国となる。条約締結国は、南極地域で積極的に科学調査を行っていることを表明することで、南極条約協議国になることができる。

1980年代、南極条約協議国は数年間にわたって『南極鉱物資源活動規制条約』について議論していた。南極大陸の鉱物資源と水素について、「たとえ商業ベースになる量が発見された場合でも、環境保護を優先し手を付けるべきではない」として調印を拒否した協議国があったのだ。これが大きな衝撃を与え、南極条約の崩壊を予測する人さえいた。条約協議国は早急に『環境保護に関する南極条約議定書』と5つの附属書——環境影響評価、南極の動物相及び植物相の保存、廃棄物の処分及び廃棄物の管理、海洋汚染の防止、地区の保護及び管理——を制定して混乱を鎮静化した。この付属書は、議定書の第7条『鉱物資源に関するいかなる活動も、科学的調査を除いて全てを禁止する』の原型となった。

1998年、条約と5つの附属書が施行された。条約には「環境保護委員会を設置し、年に1度環境に関するあらゆる事柄について検討を行い、これに基づいて南極条約協議国会議に助言を与える」ことが規定されている。2005年には、6つ目となる付属書『環境上の緊急事態から生じる責任に関する附属書』が採択された。

250年足らずの間に、「未知の大地（テラ・インコグニタ）」と呼ばれた南極は、世界規模の科学研究のフィールドに変貌を遂げた。南極大陸での科学調査は、地球そのものの全貌を知るために非常に重要だ。また、この地の周辺で営まれる唯一の商業である漁業は、現在は『南極の海洋生物資源の保存に関する条約』の規定に定められた範囲で行われることになっている（皆がこの決まりを守っているならば、ではあるが）。さらに、今や南極を観光することも可能になった。1966年の1月から2月にかけて、ラース・エリック・リンドブラッドがアルゼンチン海軍のコマンダンテ・ヘネラル・イリゴイェン号をチャーターし、58人の乗客を乗せてサウスシェットランド諸島と南極半島北部を巡る初の観光クルーズを実施した。これ以降、南極の観光はまさに急発進を遂げた。海上ルートで最も一般的なのは南米から南極半島地域に向かうものだが、スコットやシャクルトンの小屋などの史跡を巡るコースやロス海まで足を延ばすコース、南極大陸を周航するコースもある。登山家を中心とした参加者を対象に、飛行機でエルズワース山脈のベース・キャンプまで移動し、そこからヴィンソン山（標高4892メートルの南極大陸最高峰）やそのほかの高い山を登るツアーを実施した会社もあった。南極への船旅を手がける旅行会社たちは南極ツアーオペレーター協会を組織し、南極条約に定められたガイドラインに基づいて南極観光を規制している。2013年から2014年の夏季観光シーズンに飛行機や船で南極を訪れた観光客数は、大陸に上陸しなかった人も含めて約3万7000人に及ぶ。また次第に、昔の探検隊と同じルートを辿ったり、南極点を目指したり、あるいはそりや単独スキー、凧スキーといった奇想天外な方法で大陸を横断したりといった「冒険家」のような観光客も現れるようになった。基地の生活はかつてよりはるかに快適になったが、一歩外に出ればかつてと同じ過酷な環境が待ち構えている。著名な南極氷河学者チャールズ・スウィシンバンクは語る。「今では高緯度の場所にも簡単に行けるし、極地の活動はもはや困難なものではない、などという言葉を耳にするが、そんなたわごとを言うやつは家にじっとしているがいい。ショックを受けたくなければな」

しかし同時に、その人々を魅了する美しさもかつてと全く変わっていないのだ。実際に足を運んだならば、アレックス・ベルナスコーニがカメラで切り取ったような、地上に残された最後の大自然の壮大な風景を目のあたりにすることができるだろう。

ピーター・クラークソン博士

2015年5月

BLUE ICE

世界で一番美しいペンギンの世界

アレックス・ベルナスコーニ

いつものようにぎっしり中身の詰まったリュックと三脚を肩に担いで、慎重に雪の上を歩く。港を上から捉えるため、南極のパラダイス・ハーバーを見下ろす小高い丘を登る。吐いた息が白い。少し霞がかった、陽の光がうっすらと差し込む不思議な明るさ。風はほとんどない。頂上に着くと、機材を下ろして周囲を見渡す。砂漠を思い起こさせるような静けさと平和！ まるで、世界が止まってしまったかのような感覚だ。

ある種の自然の持つ景観とその力、新しいエネルギーで満たしてくれるような波動に触れると、私はいつも神秘的で力強いものの存在を感じる。今もまさにそうだ。幸福感に満たされ、今の自分は広大な氷の楽園の片隅のちっぽけな点のようなものにすぎないと実感する。なんと荒々しく、心をかき乱す美しさだろうか。

逆風の中、北ジェルラッシュ海峡に浮かぶトゥーハンモック島の東側の小島（ハイドルーガ・ロックス）に向かって進む。ボートを降りたときから、ずっと冷たい風が吹き付けている。このあまりに隔絶した島の真髄を凝縮した写真を撮ろうと、私は丹念に構図を探す。雪が深く積もり、場所によってはその表面が硬く凍りついている。表面の硬い部分が崩れると、足が雪の下深く沈んでしまう。突風にあおられた冷たい雪の粒が飛んで来るので、顔はマスクで覆わなくてはならない。

やがて、ついに求めていた景色に遭遇した。立ち止まって三脚を広げる。風は強く、リュックの重みで抑えても、体を盾にしても、安定させるのは至難の業だ。目の前に広がる、この世のものとは思えないような、時を超越した光景。これを、長時間露光（長時間シャッターを開いたまま撮影すること）で写真に収めたい。そうすれば岩に叩き付ける波が氷を覆うシルクの毛布のように映り、背景に安らぎが生まれるだろう。風と霙（みぞれ）のせいで画像にシャープさが出にくく、何回もシャッターを切り直すうち、指は凍りつく。でもまだ何かが足りない。と、次の瞬間、足りなかったものが見つかった！ペンギンの群れが滑らかな岩の上を歩いてきて、私が定めた構図の中心付近で立ち止まったのだ。私は、海峡に浮かぶ大きな氷山の角度をずらすため、少し移動する。1羽、また1羽とペンギンは海に飛び込み、最後の1羽だけが残る。彼は躊躇するように辺りを見渡し、私の望みどおりの場所――構図のど真ん中――に留まっている。ロングショット（被写体から離れて撮影する周辺環境も含めた写真撮影方法。接写の反対）で撮るから、シャッターを開放している間は動かないでおくれ。そう願うと、はぐれペンギンも大自然に心を奪われているかのように、本当にじっとしている。私はシャッターを切った。

この世に、まだ誰も訪れたことのない手付かずの場所があるとしたら。人間の存在を押し付けることができない場所があるとしたら。時に凶暴化する大自然の力によって、奇跡の絶景が守られている島があるとしたら。間違いなく、南極はそのひとつだ。この未開の大自然に、私はずっと魅了され続けている。じかに触れると自分自身の存在感が取り戻せる。美しい自然の景観を守るために何が重要か、考えを整理することができる。だから、私にとってたまらなく魅力的なのだ。

探検に出る前の数週間は、いつも慌ただしく過ぎていく。必要な装備が揃い、使う順に整理されているか確認する。それだけではなく、破損や故障に対処する準備もしなくてはならない。地球の果てまで行くのだから、いくら用心してもしすぎることはないのだ。

アフリカの撮影では最大の敵は砂塵だったが、南極地域での敵は冷たい雨と塩水のしぶき

サウスジョージア島、ソールズベリー平野のキングペンギン。キングペンギンはペンギンの中で
2番目に大きい種。この平野には、推定200万から300万組のつがいが暮らしている。
親も子も1年を通してコロニー（集団営巣地）で暮らす。彼らは、破天荒な子育てをすることで知られる。
片方の親が子どもを守っている間、もう片方の親は餌を探すのだが、
その移動距離はなんと400キロにも及ぶことがあるのだ。

だ。極限の状態で写真を撮ることも珍しくない。霧、突風、雪、氷。全てが、撮影する人間と撮影機材に挑みかかってくる。

南極半島に行く方法はいくつかある。船か飛行機のいずれかを選ぶことになるが、天気が良ければ、世界一荒れていると言われる海を何日も船で旅することは避け、チリから飛行機で向かうことが多い。しかし今回はあえて偉大な探検家たちと同じルートを辿った。南極半島に向かうまでの壮大な景色を味わい、類まれな動植物相をもつフォークランド・サウスジョージア諸島を訪れることで、南極の旅は、人間が体験しうる最もすばらしい探検のひとつとなるのだ。

大海原の航海は幾日も続く長旅なので、上陸するまでは本業はしばらく中断だと考えていた。だが、目の前には、思わずシャッターを切りたくなるようなさまざまな種類の海鳥、クジラ、シャチ、氷山が次々に現れてくる。その昔、現在のような装備もない時代に、この地に潜む謎を解き明かすため危険を顧みずに航海に挑んだ、ジェイムス・クラーク・ロス、ロアルド・アムンゼン、アーネスト・シャクルトンなどの名だたる大探検家がいたのだ。氷山を眺め、彼らの前に立ちはだかった困難にしばし思いを馳せる。

ここには、文字通り「息を呑むような」自然の景観が広がっている。例えば、ゾディアック号で巨大な氷山の横を進んでいる時。サウスジョージア諸島のセントアンドリュース湾にあるソールズベリー平野で何千羽ものペンギンたちの真ん中に立って、鳴き声とせわしなく動き回る姿に囲まれている時。まるで、異次元の世界に迷い込んだような気持ちになる。

ときに現れる嵐の雲、表情豊かな陽の光と大気。あまりに非日常的な景色の中で、ときどき自分は神の導きによって永遠の命を与えられた場所に向かっているのではないかと感じることがある。

今までの撮影旅行、特にアフリカなどでは、季節や最適な時間と場所に合わせて目標を定め、事細かに小遠征や活動の計画を練った。しかし、南極探検はこうはいかない。天気予報を頼りに旅の日程を決めなくてはならないし、天気予報次第では予定変更もやむをえない。

天候が手強い敵に回ることもある。例えば嵐にぶつかり、島への上陸はもちろん移動そのものが困難になったときには、嵐からできる限り遠ざかるために針路を変更したり、何もせずに長時間待機したりしなければならない。風や潮の流れに阻まれ上陸することが叶わず船に戻ろうとしても、天候が急変して激しい風や荒波で船にボートを揚げることすらできない、なんてこともざらにある。

この場所では、地球上で最も獰猛で残酷であることで名高い「滑降風」という風が吹く。氷河の上に流れていた風が突然牙をむき、ハリケーン級の力で襲ってくる。その凶暴さは、まるでそうして部外者から我が身を守ろうとしているかのようだ。この予測不可能で破壊的な天候の前兆は、秒速41メートル、最大瞬間風速55メートルの強風だ。こういう風が吹いてくるのを感じたら、すぐに装備品をまとめて防水のバッグにしまい、全速力で船に戻らなければならない。

しかし、これまでいつも滑降風に襲われる前に船に戻ることができたわけではない。今でも思い出すのは、ある勇敢な乗組員の一件だ。彼は、強烈な突風でバランスを崩しているゾディアック号に帰り着いた私たちをなんとか乗せようと奮闘し、最後の一人というところで氷の海に落ちてしまったのだ。幸い彼は低体温症になる前に救助され、その晩、みんなと一緒に暖かい紅茶を飲むことができた。

南極で使用される船には通常の船にはない装備がある。例えば、船体は氷の衝突に備えて強化されているし、救急医療品を備えた手術室もある。これほど高緯度の場所ではなんでも自主的に行わなくてはならないからだ。人里から遠く離れている上に気象条件が悪いので、救援の船が到着するまでに数日かかることもある。例えばアザラシに噛まれれば大変な重傷で、縫合処置と抗生物質の投与が必要になる。私の探検隊の一人もそうだった。何日もたくさんの生き物に囲まれて撮影をしていると、彼らは人間の存在を無視しているような気がしてくるが、突然攻撃してくることもある。実際にナンキョクオットセイは攻撃的な生き物として、注意が呼びかけられている。ときどきファインダーから目を離して振り返り、不意打ちに用心しなければならない。

サウスジョージア島、フォルトゥナ湾のゾウアザラシ。
ゾウアザラシは、極寒の南極海と亜南極（インド洋、大西洋、太平洋の南部で、南極海の北部に接した地域）の海域に暮らす。ここには餌となる魚やイカなどの生物が豊富に生息している。
ゾウアザラシという名前はオスの鼻の形に由来し、特に繁殖期には、鼻を膨らませて大きなうなり声をあげる。

このように、探検には相当な注意力が求められる。ひとつで数キロある機材をいくつも背負って、岩場や氷や雪の上、ぬかるんだ水の中を、危険と隣り合わせで歩かなければならない。万が一のことがあれば大変だ。長い時間を費やして準備してきたのに、肝心の仕事が果たせなくなってしまう。

ちょっとしたことが後々仇(あだ)となるケースもよくある。サウスジョージア島セントアンドリュース湾での出来事がそのいい例だ。私たちはそこで、何万羽というキングペンギンがコロニーにしているすばらしい海岸線を見つけた。ほかにもさまざまな種の動物がいて、背景には雪を被った山がそびえ、氷河から海に何本もの水流が注いでいる。だが大洋にさらされた海岸への上陸は困難を極め、上陸できるまで待機するしかなかった。

数日後のある朝、ついに天候が回復し、早朝から上陸を開始した。天気は急速に変わることがあるので、目星を付けていた最高の背景と最高の光があるペンギンのコロニーに大急ぎで向かった。ところが小川を越えようとしたその時、不運にも、隠れたくぼみと速い流れに足を取られてバランスを崩してしまった。なんとか持ちこたえ、水の中に倒れずに済んだのは不幸中の幸いだったが、太ももほどの水深で長靴の中に水が入り込んできた。長靴を脱いで水を出したが、靴下は完全にびしょ濡れだった。予備の靴下も持っていない。まだ朝の8時にもなっていない時間の出来事だ。それから11時間、私は写真を撮り続けたが、その晩私の足がどうなってしまっていたか。それはみなさんの想像にお任せしよう。

野生の自然のある場所や人里離れた奥地には、これまでにも何度か訪れた。だが、「最果ての地」というイメージが浮かんだのは南極が初めてだ。この地の色彩、景観、独特の空気は世界のどの場所とも違う。これほど荒れた海を進むくらいなら、サバンナの真ん中をジープで走ったり、ジャングルの中を歩いたりする方がずっと気楽だったと認めざるをえない。

長い航海の間は、広大な泡立つ海面や、迫力のある波に心を奪われながら、そして荒れ狂う大海のど真ん中を行く我々の船のちっぽけさを実感しながら過ごした。灰色の空と、風、雨、雪の様子はまるで「お前たちは招かれざる客だ。大自然の力は、いつだって侵入者を排除できることを忘れるな」と言っているかのようだった。この場所をコロニーとして暮らし、過酷な条件の中で生き延びている全ての驚くべき生き物たちに思いを巡らせた。

ゾウアザラシ対キングペンギン。セントアンドリュース湾のにらみ合い。

サウスジョージア島からサウスオークニー諸島に向かう数日間の天候は厳しく、時には高さ10メートルの波と、秒速25メートルの風(風の強さを階級1から階級12までに分けたビューフォート風力階級では、階級9の風)の中を進むこともあった。

やがて私たちは、悪名高きドレーク海峡に差し掛かった。アルゼンチン、ティエラ・デル・フエーゴのホーン岬から南極半島に到達するために(もちろん帰りの航海でも)乗り越えなくてはならない海域で、地球上で最も荒れた、最も航行の難しい場所とも聞く。たまに比較的おだやかになることもあるというが、私たちは残念ながらそんな幸運には恵まれていなかった。船は、これまでに経験してきた時化(しけ)が大したものではないと感じられるほどの、激しい大時化に見舞われたのだ。

転んでケガをしては大変なので、夜はつとめて船の簡易ベッドで過ごすようにした。船のベッドというのは、波で体が投げ飛ばされないように体を固定する仕組みになっている。船室にあるものは全て床の上に散らばっていた。耳をつんざくような轟音を立てて襲いかかる残忍な大波で、船が大きく揺れた。パソコンももちろん使えるような状況ではなく、大波の一撃ではね飛ばされ、床に叩き付けられて、壊れる!といわんばかりにガタガタいった。

嵐はひどくなっていくばかりで、とうとう私は不安になってきた。

こんなことは初めてだった。どれくらいひどい状況なのかこの目で確かめたい、視界はほぼ無いと言っていいが、可能であれば写真を撮りたい。そう思って船室を離れ、操舵室へ向かった。船室の狭い通路を進む途中、体がまるでテニスボールのように壁から壁へ叩きつけられた。探検隊のメンバーの一人は、部屋を出ようとした瞬間の揺れで激しく閉まったドアに指を挟まれ、骨折してしまった。やっとの思いで上階の操舵室にたどり着くと、そこには極地の海で20年以上の航海経験を持つロシア人の船長と副船長の姿があった。二人とも船の操縦に集中していたが、彼らの姿はまるで心地よい哀愁を帯びたクラッシック音楽の調べに包まれているかのように見えた。二人は、この状況によって奏でられる「音楽」に身をまかせていたのだ。それはまるでテレビか映画のワンシーンのような、現実離れした光景だった。私は目の前の光景に魅了され、また圧倒されて声が出なかった。何度か撮影を試み、それから寡黙な船長に声をかけてみた。

どうやら船は巨大な2つの嵐のど真ん中にいるようだった。高さ10メートルから15メートルで襲ってくるモンスター級の波、そして秒速30メートルの強風（ビューフォート風力階級11から12）の中を、ここ数時間にわたり航行していた。船長にとっても、今までの経験の中で一、二を争う最悪の海峡越えということだった。

その時間はとても長く感じられたが、ついに風が収まり大荒れの海も少しは落ち着き、最悪の状況を脱したことを悟った。間もなく私たちは、冒険の終着点となる世界最南端の町であり世界最南端の港、ウシュアイアに到着した。

手付かずの自然や息を吞むような景観、ふだん見ることのできないような野生の動物を写真に収めることはもちろん簡単ではないが、一番難しいのはそんな秘境にあって胸に湧き上がった強い感情を写真に収めることだ。これは、不可能ではないまでも至難の業だと思う。撮ったものを眺めれば、畏敬の念を抱いた瞬間、驚愕した瞬間、そして時にはすべてを凝縮して写真に収めることの難しさに不安になった瞬間までもがよみがえってくるような、そんな写真を私は常に追い求めている。とても難しいことだが、この星の片隅で瞬く魂と現実を伝えようとする姿勢そのものが、何よりも大切だと私は思う。人間が耳を傾け、目を向けさえすれば、それらは多くのことを語ってくれるのだ。静止画は、二度とない瞬間を永遠のものにする。私は、美しく漂う氷の芸術、消えてはまた形や大きさや性質を変えて現れる「進化する芸術作品」ともいうべき氷河のことを、考え続けている。

私たちには、決して忘れてはいけないことがある。それは、私たちの日々の営みが遠く離れた場所に影響を及ぼしているという自覚を持つこと。それから、今日までこの星を支配してきた自然のサイクルがいつまでも変わらずに続くように、願い続けることだ。

ずっと覚えていたいマサイ族のことばを記しておこう。
──地球を大切にしなさい。それは、あなたが親からもらったものではありません。子どもから借りているものなのです。

ひなを連れたアップランドグース。フォークランド諸島、サンダース島。
フォークランド諸島の固有種で、大陸に暮らす近縁種、マゼランガンの親類。
ひなは生まれてすぐに自分で餌を探す。生後15時間ほどで巣立ち、もう戻ることはない。

ポーレット島沖に浮かぶ、見事なアーチを描く氷山。
ポーレット島は溶岩でできた火山島で、頂上の小さいクレーターの周囲は
灰の層で覆われている。島の一部には、地熱によって雪のない場所もある。

サウスジョージア島、フォルトゥナ湾のキングペンギン。

ブラウン・ブラフのアデリーペンギン。魚を獲るために海に潜ったペンギンは、
天敵のヒョウアザラシをはじめ、多くの脅威にさらされる。
氷の縁に集まったペンギンは、最初の1羽が飛び込むか、
周りのペンギンに押されて1羽が水に入った瞬間に、残りが続いて一斉に水に飛び込む。
集団の真ん中あたりにいるペンギンほど、生き残りやすくなる。

南極、ハイドルーガ・ロックスのチンストラップペンギン（ヒゲペンギン）。
積極的な性格で、近くに人間がいてもお構いなし。
その名前の由来（チンストラップ＝帽子のあご紐、またはあごひげ）となった
あごの黒い線のせいで、まるでヘルメットを被っているように見える。
隙間なく密集した羽は防水服の役目を、脂肪は断熱材の役目を果たし、
翼と足の血管は熱を保持する構造をしている。

南極海峡に浮かぶ氷の上のアデリーペンギン。
この海峡は1902年に、オットー・ノルデンショルド率いるアトランティック号の
スウェーデン南極探検隊によって発見された。

48–49ページ：
サウスオークニー島沖に浮かぶ氷山の上のチンストラップペンギン。
南極または亜南極の海上にある孤立した島や氷山に生息している。
歩くよりも氷の上を滑って進むことが多く、それにより体力を温存している。
餌を探して、水深70メートルの深さまで潜ることもある。

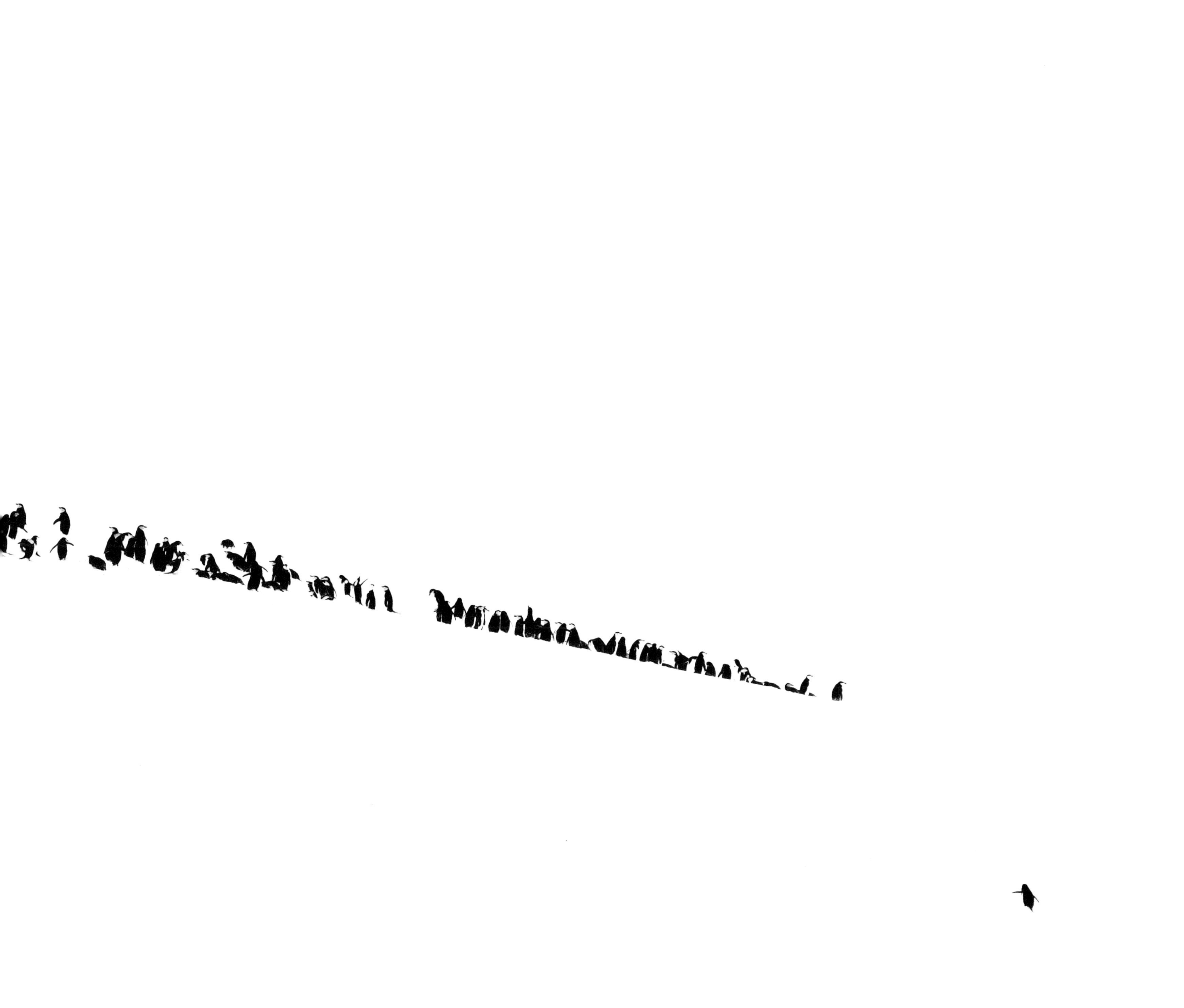

南極、ハイドルーガ・ロックスのチンストラップペンギン。

52–53ページ：
南極、サウスジョージア島、ソールズベリー平野の海岸のキングペンギン。

サウスジョージア島、フォルトゥナ湾のキングペンギン。

サウスジョージア島、セントアンドリュース湾のペンギンのコロニー。
ここには、およそ30万羽のペンギンの親子が暮らしている。
一生を同じコロニーで暮らし、平均で2年に1回卵を産む。
ひなが親鳥から自立するには1年以上もかかる。

左：
サウスジョージア島、セントアンドリュース湾のキングペンギンの子ども。
キングペンギンは同じつがいで一生暮らすのではなく、
たいていは1回の繁殖ごとにパートナーを変える。
繁殖の前には羽が抜け替わるため、水に入って魚を採ることができず、
蓄えだけで過ごす。

右：
餌を欲しがるキングペンギンの子ども。

左：
サウスジョージア島、セントアンドリュース湾のキングペンギン。
ペンギンの中で繁殖周期が最も長い。
ひなの羽はとても薄いので、寒さから身を守り餌をもらうために
親鳥のもとで暮らす。ひなが自立するには、12か月から14か月かかる。

右：
南極、ハーフムーン島のチンストラップペンギン。

左：
サウスジョージア島、セントアンドリュース湾の
キングペンギンのコロニー（集団営巣地）。

64ページ、65ページ：
フォークランド諸島、ニュー島に生息する鵜のなかま、ズグロムナジロヒメウ。
この島の崖の上の緩やかな斜面には、100か所以上のズグロムナジロヒメウのコロニーがあり、
ロックホッパーペンギン（イワトビペンギン）やマユグロアホウドリの生息地でもある。
ズグロムナジロヒメウは渡りを行わず、1年を通してフォークランド諸島周辺で暮らし、
土や植物を使って巣を作り、11月頃に2〜4個の卵を産む。
12月には卵がかえり、2月頃ひなの羽が生え揃う。現在、個体数が減少している貴重な鳥。

マユグロアホウドリ。
フォークランド諸島の北西部、ウエストポイント島、ウエストポイント湾。

サウスジョージア島、クーパー湾のナンキョクオットセイ。
18世紀から19世紀にかけてアメリカやイギリスの猟師による
乱獲のせいで絶滅寸前まで減少してしまった。
現在のナンキョクオットセイは全て、サウスジョージア諸島の
バード島で乱獲を免れたナンキョクオットセイの子孫だと考えられている。

70−71ページ：
南極海峡に浮かぶ、卓状氷山。切り立った崖のような側面と、
テーブルのように平らな上面が卓状氷山の特徴。
通常、氷床から分離した氷山がこのような形状をしている。

サウスジョージア島、クーパー湾。1775年にジェームス・クックによって
発見されたクーパー島の近くにあることからこの名前が付けられた。

南極のジェルラッシュ海峡に浮かぶ、冠雪した島のジェンツーペンギン。
ジェルラッシュ海峡は、1897年、アドリアン・ド・ジェルラッシュによって
初めて海図に記された。

南極、パラダイス・ハーバーのジェンツーペンギン。

サウスジョージア島、セントアンドリュース湾のゾウアザラシ。

サウスジョージア島、ロイヤル湾のロス氷河。

南極、エレバス＆テラー海峡の氷の仮面。

氷山とマダラフルマカモメ。サウスオークニー諸島に向かう海上で撮影。

南極海に浮かぶ氷山の上のチンストラップペンギン。

同じく、南極海に浮かぶ氷山の上のチンストラップペンギン。

90–91ページ、92–93ページ：
南極海に浮かぶ氷山の上のチンストラップペンギン。

大時化の南極海。地球上を循環する気流は、
南緯40度から70度にかけての海上で西から東に吹きつける。
風を遮る大陸がないためにその勢いはすさまじく、
船乗りたちからは「吠える40度」「狂う50度」「絶叫する70度」と呼ばれた。

左、右：
南極、ルメール海峡。

南極、ルメール海峡。

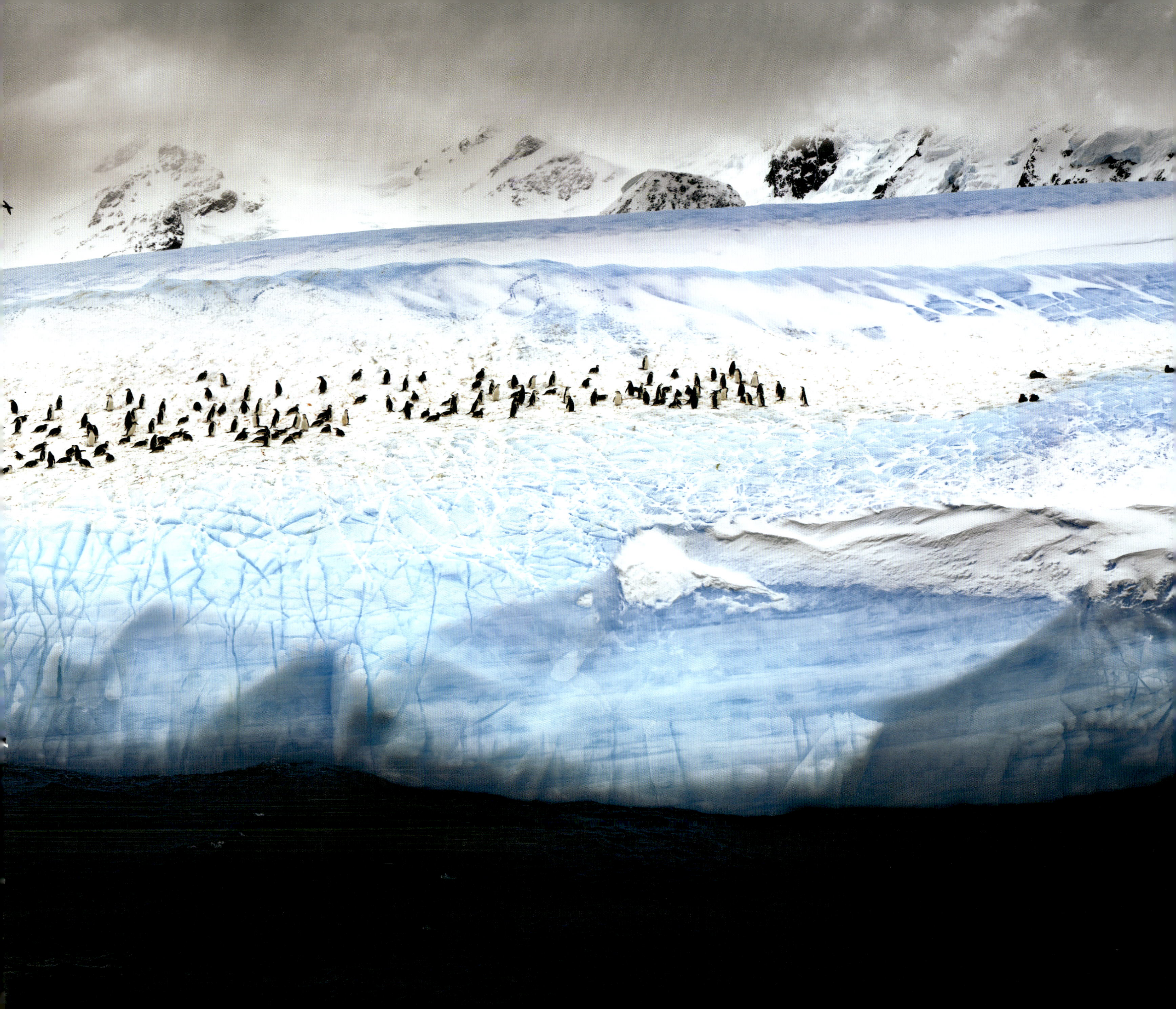

100−102ページ：
サウスジョージア島、セントアンドリュース湾のキングペンギンのコロニー。

103−106ページ：
南極海に浮かぶ巨大氷山とペンギン。南極海には1年を通して氷山が出現する。
比較的小さめの氷山や、氷山から分離した氷、そして海氷も船舶の航行の妨げになる。
大陸棚に積み重なった氷河は非常に分厚く、近くで見るととても複雑な形をしている。

107−109ページ：
南極海の氷山とチンストラップペンギン。

左：
南極、ハーフムーン島。塔のように突き出した岩場にあるチンストラップペンギンのコロニー。
むき出しの岩は、鮮やかなオレンジ色をした地衣類（苔のような植生）で覆われている。
1つの岩のてっぺんではミナミオオセグロカモメとキョクアジサシが巣作りをし、
上空ではペンギンの卵を狙うトウゾクカモメが旋回していた。

サウスジョージア島、セントアンドリュース湾の海岸で、
キングペンギンに囲まれるゾウアザラシ。

上、右とも：
サウスジョージア島、セントアンドリュース湾のオスのゾウアザラシ。

サウスジョージア島、セントアンドリュース湾。
全方向を警戒するキングペンギン。

南極、ポーレット島。アデリーペンギンのアップ。

サウスジョージア島、ソールズベリー平野の海岸に上陸するキングペンギン。

サウスジョージア島、ソールズベリー平野の海岸に上陸するキングペンギン。

キングペンギンの行進。
サウスジョージア島、フォルトゥナ湾。

126–127ページ：
サウスジョージア島、セントアンドリュース湾の
キングペンギンのコロニー。

サウスジョージア島、ソールズベリー平野のキングペンギン。

南極、ハイドルーガ・ロックス。嵐の中に立つジェンツーペンギン。

サウスジョージア島。向かい合うキングペンギン。

ブラウン・ブラフのアデリーペンギン。

美しいアーチを描く氷山を背に、浮氷に立つアデリーペンギン。

サウスジョージア島、フォルトゥナ湾。

サウスジョージア島、セントアンドリュース湾。
子どもペンギンに囲まれるキングペンギン。

サウスジョージア島、セントアンドリュース湾のキングペンギンのコロニー。

サウスジョージア島、セントアンドリュース湾のキングペンギンのコロニー。

右、148−149：
サウスジョージア島、セントアンドリュース湾のキングペンギンのコロニー。

左：
アデリーペンギン。南極、ポーレット島。

右：
マユグロアホウドリ。フォークランド諸島の北西部、
ウエストポイント島、ウエストポイント湾。

ナンキョクオットセイのポートレート。サウスジョージア島、キングエドワードポイント。

ゾウアザラシの赤ちゃん。サウスジョージア島周辺の諸島のひとつ、プリオン島。

飛び込みポイントにぽつんと立つペンギン。

158-159ページ：
サウスオークニー諸島沖の氷山の上のチンストラップペンギン。

霧がかかったクロッカー海峡。水深はかなりのもの。
ジェルラッシュ海峡に入る北の玄関口。

162–163ページ：
南極海に浮かぶ卓状氷山。

ポーレット島沖。美しいアーチを描く氷山。

166–167ページ：
南極大陸、ルメール海峡。

霧の中のナンキョクオットセイ。サウスジョージア島、ライトホエール湾。

クーバービル島の氷の彫刻。
南極大陸、グレアムランドの西岸沖のエレラ海峡に浮かぶ
岩盤でできた島であり、土地の3分の2が永久冠雪している。

サウスジョージア島、ソールズベリー平野のキングペンギンとオットセイ。

右：
サウスジョージア島、セントアンドリュース湾のゾウアザラシ。

176–177ページ：
南極大陸、パラダイス・ハーバー。

左：
サウスジョージア島のキングペンギン。

右：
求愛のポーズをするチンストラップペンギン。
南極、ハーフムーン島。オスは気に入ったメスの気を引くために、
頭を上下させながら大きな鳴き声を上げて存在を誇示する。

南極、ジェルラッシュ海峡。

南極、パラダイス・ハーバーの氷河。

サウスジョージア島、セントアンドリュース湾のキングペンギンのコロニー。

左：
フォークランド諸島、ニュー島のロックホッパーペンギン。

188−189ページ：
嵐の中のチンストラップペンギン。南極、ハイドルーガ・ロックス。

左：
フォークランド諸島の西部、ニュー島のマユグロアホウドリ。

192－193ページ：
フォークランド諸島北西部、ウエストポイント島のウエスト湾。

194－195ページ：
ブラウン・ブラフの氷河のトンネル。

大時化のドレーク海峡。
フランシス・ドレークが発見したわけではないが、彼の名に因んで名付けられた。
大西洋と太平洋、ホーン岬とサウスシェットランド諸島を繋いでいる。

アレックス・ベルナスコーニ

世界的な野生生物写真家、アート写真家。これまでに数々の賞を受賞してきた。1968年、歴史あるデザインの都ミラノで生まれ、カメラを片手にアウトドア、スポーツ、冒険、旅に明け暮れる。冒険心に駆り立てられるままに、ある時はアジアやアフリカ、ある時は氷河の地に砂漠やジャングルと、世界中を駆け回っている。動物への情熱は尽きることがなく、ジャングルでは地上で最も獰猛と言われる動物たちを写真に収めた。

これまでに世界中の数多くの絶景の地へ赴き、その風景を写真に収めてきた。彼の写真には、徹底して芸術性を追求する姿勢とカメラの向こうの動物に対する深い愛情が表れており、まるで動物がすすんで撮影に協力しているかのような空間を作り出している。

ベルナスコーニの写真は世界各国の雑誌に掲載され、アート・ギャラリーでの展示も行われた。また、個人収集家のコレクションにも収蔵されている。国際写真賞(IPA)、トリレンベルク・スーパー・サーキット、PX3、WPOソニーワールド・フォトグラフィー・アワード、グラフィス、エプソン・インターナショナル・パノ・アワード、といった世界的に権威のある写真賞を多数受賞。処女作『Wild Africa(ワイルド・アフリカ)』は、2011年の独立系出版賞(IPPY)において年間最優秀写真集に選ばれ、ゴールド・メダルを獲得した。

ジュリアン・ダウズウェル教授

自然地理学教授。2002年からケンブリッジ大学スコット極地研究所の所長とケンブリッジ大学ジーザス・カレッジのブライアン・バックリー特別研究員を兼任する。ケンブリッジ大学を主席で卒業し、コロラド大学大学院で修士課程を修めた後、ケンブリッジ大学に戻り博士号を取得。

氷河学、氷河地質学を研究対象とし、人工衛星、飛行機、船と地形計測装置を使って、氷河の形状や移動、氷冠と気象変化との関係、また過去に氷床が存在した場所と海洋地形データとの関係を研究している。30年以上にわたり世界中の山岳地帯で研究を行っている。これまでに275の科学論文と、『Islands of Arctic（北極の島々）』をはじめとした8冊の一般向けの書籍を執筆している。

数々の受賞歴があり、2008年英国女王より極地メダル（南北の極地域で功績のあった人に贈られる）、そして王立地理学会から創設者メダル（地理学の発展に寄与した人に贈られる）の金メダル、2011年には欧州地球科学連合よりルイ・アガシー・メダル（科学の発展に貢献した人に贈られる）を授与された。最近では、国際北極科学委員会（IASC）よりIASCメダル（北極理解のために貢献した人に贈られる）を授与されている。

ピーター・クラークソン博士

幼少時より極地に関心を抱く。少年時代、ヴィヴィアン・フックス率いるコモンウェルス南極探検隊（1955～1958年）の動向をニュースで追い続け、極地で働こうと決意。1967年ダラム大学卒業直後、地質学者として英国南極調査隊に加わり、1968年から1969年にかけて南極大陸のコーツランドブラント棚氷で越冬。2年目には観測基地の司令官を務めた。1968年から1969年、1969年から1970年の南極の夏季には、シャクルトン山脈（南緯89度西経25度）の地質図の作成を行う。その後バーミンガム大学の地質学部に戻り、南極での経験を本にまとめる。その後も頻繁に南極を訪れ、シャクルトン山脈（1970～1971年・1977～1978年）、サウスシェットランド島（1974～1975年）、南極半島（1986～1987年）で調査を行った。

1976年極地メダル授与、1977年バーミンガム大学で博士号を取得。1989年に英国南極調査を離れ、その後南極科学研究委員会（通称SCAR、南極における科学調査の推進と調整を行い、南極条約システムに対して助言を与える国際機関）の事務総長となる。あらゆる重要な科学会議に出席するため世界中を駆け回ったが、さすがに南極での会議はなかったという。現在は引退し、時おり南極に向かうクルーズ船上でさまざまなテーマで南極についての講義を行っている。2010年には南極の科学への貢献が認められ、大英帝国勲章のMBE（メンバー）の称号を与えられた。南極関連の自然科学の専門書と一般の書籍を数多く執筆し、旅行本や2つの百科事典にも南極に関する記事を寄稿している。このほか、火山についての書籍、SCARの歴史をまとめた書籍なども手がける。南極のあらゆるものに情熱を注ぎ、南極に対する情熱を語らせたならば、右に出る者はない。

南極、パラダイス・ハーバーに
姿を映す氷山。

南極点へ向けて出発準備をするスコット、シャクルトン、ウィルソン。
そり旅用の防備姿。荷造りを終えたそりの前で。

スコット極地研究所について

スコット極地研究所(SPRI)は、1912年に南極点に到達した後に遭難して命を落としたロバート・ファルコン・スコット隊長と4人の隊員、ヘンリー・バウアー、エドガー・エヴァンス、ローレンス・オーツ、エドワード・ウィルソンを追悼して設立されたイギリス国立の研究所である。世界一の極地科学の調査と探求を使命とし、スコットの自然科学に対する精神をその核として受け継いでいる。

1920年、北極と南極に関する情報収集、そして科学者と探検者の交流を目的にした施設を創ろうと計画していたフランク・デベンハム(スコットのテラ・ノヴァ号での遠征に参加した地質学者)によって、ケンブリッジ大学内に設立された。1934年に専用の建物が建てられた後、数回の増築を繰り返し、現在約60人の研究員と研究生を抱えている。

研究所は、北極、南極研究の中核であり、研究員は自然科学と社会科学の研究に取り組んでいる。その対象は氷河や氷床の流動動態からシベリアのトナカイ飼育者の文化、さらにはカナダ北極圏やグリーンランドにおける経済や社会の変化と幅広い。またSPRIには世界一の蔵書量を誇る極地関連図書をはじめ、極地の探検や科学、文化に関する記録文献や写真が所蔵されている。また併設の極地博物館はイギリスで唯一のものであり、極地の歴史とその現代における価値を伝える展示を行っている。

SPRIは、およそ1世紀にわたり極地情報と専門知識に関する無類の情報源として、北極や南極と周辺の海域を対象とした知的活動の中核を担っている。極地域は、地球環境の変化はもちろん北部の先住民族との最初の遭遇、交流といった極地探検の歴史背景からも非常に大きな現代的意義を持つ。研究所では気候変動や天然資源の管理など、極地に関するさまざまな分野の信頼ある情報を提供している。研究所を訪れる人は小学生から一般市民、政策立案者、ケンブリッジ大学の学生や学者、さらには世界中の高等教育機関の研究者に至るまで多岐にわたる。

SPRIの構成員はケンブリッジ大学の特別研究員で、全員がケンブリッジ大学で教鞭を執っている。およそ30人の学生が研究所を拠点に科学と社会科学の博士課程・修士課程の研究を行っており、修士学生は極地研究所で極地研究修士コースを受講している。研究者と研究生は定期的に極地で実地調査を行い、最近ではグリーンランド、ノルウェーのスバルバード、ロシア領のシベリア、カナダ北極圏、南極で調査活動を行ってきた。これらの実地調査プログラムは、英国研究会議協議会をはじめ私設の財団や基金の助成によって支えられている。研究所の極地博物館は、研究所の貴重な財産である歴史的収蔵品と最新の科学研究を活用しながら、来場者に極地の歴史や科学の魅力の発信と情報提供を行っている。スコットがテラ・ノヴァ号でロンドンを出港してから100年の節目、博物館は遺産宝くじ基金と多くの人々の寛大な寄付をもとに生まれ変わり、2010年6月に再スタートを切った。ロス棚氷の上に設営された最後のキャンプ地でスコット、ウィルソン、バウアーの遺体から見つかった手紙は、ウィルソンの祈祷書、オーツの寝袋とともに展示されている。また、アーネスト・シャクルトンが4度の探検でつづった実物の日記も所蔵されている。毎年5万人の来場者があり、研究所のアーカイブとピクチャーライブラリーは極地の歴史の情報源として有名で、各国の研究者を中心に利用されている。研究所では歴史的、文化的、科学的に非常に価値のある手稿や出版物をはじめ、その他の多くの資料(描画、絵画、工芸品、写真、映像フィルム、録音音声の記録、探検の初期から現代までの北極と南極に関する地理的知識や科学的知識の進展年表など)を収蔵している。これらの豊富な歴史的、学術的な収蔵品が、数十年にわたって研究の基盤を支えているのだ。

研究所では、スコット隊の偉業と犠牲の記念館として、収蔵品の研究目的利用の管理、そして公開講座を開催している。現在の極地研究活動は、先人たちの築いた極地研究や科学研究の基礎なしにはありえない。例えば研究所で行われている環境変化と氷に関する研究ひとつとってみても、スコットやシャクルトンをはじめとした多くの探検隊の尽力によって遺された、価値ある遺産の上に成り立っているのだ。

www.spri.cam.ac.uk

謝辞

まず、私の家族に感謝の気持ちを伝えたいと思う。娘アンジェリカと妻フランチェスカ、そして父ファブリツィオ。留守ばかりの私を支え、励ましてくれてありがとう。

亡き母ヤドヴィガへ。私の心の中にいてくれたこと、目指したことをやり遂げる意欲と意志の強さを与えてくれたことに感謝しています。

1作目の『Wild Africa（ワイルド・アフリカ）』出版時以来ずっと私をサポートしてくれた編集者のアレクサンドラ・パパダキスと、彼女の熱意に感謝を申し上げる。キャロライン・クーツ博士は、制作過程でずっと力を貸してくださり、シーラ・デ・ヴァレは、私の書いた文を翻訳してくださった。この本をこんなにもすばらしいデザインに仕上げてくれたアルド・サンピエリには、また借りができてしまった。

圧倒的な自然の美しさを記録したい一心でシャッターを切り、自然を存続させることに全力を注いでいる私にとって、人生を科学の研究と極地の保護に捧げてきた偉大な科学者であるジュリアン・ダウズウェル教授とピーター・クラークソン博士にまえがきと序章を寄稿して頂いたことは、この上なく光栄なことだ。

最後に、本を通じて心の中で私の旅に同行してくださった読者の皆さんにも感謝を申し上げたい。撮影現場で極限の世界とファインダーごしに向き合っているとき、皆さんとともにいると考えることで私は強くなれた。その結果、こうして驚異的な野生の大地や野生生物の魂を、皆さんと分かち合うことができているのだ。

編集者より

ロンドン科学博物館の後援者で、スコット極地研究所の所長であるジュリアン・ダウズウェル教授を個人的に紹介してくださった、レイン・ブラッチーに心から感謝申し上げます。あなたの紹介によって生まれた繋がりは、この本を美しく権威ある本に仕上げる上でかけがえのないものでした。ありがとうございました。

世界で一番美しいペンギンの世界

2018年7月1日　初版第1刷発行

著者　アレックス・ベルナスコーニ

訳者　川口富美子

発行者　澤井聖一

発行所　株式会社エクスナレッジ
〒106-0032 東京都港区六本木7-2-26
http://www.xknowledge.co.jp/

問合先　編集　TEL. 03-3403-1381　FAX. 03-3403-1345
販売　TEL. 03-3403-1321　FAX. 03-3403-1829
info@xknowledge.co.jp